高等职业教育系列教材

注重实践应用 | 基于工作过程 | 强化技能培养

通信工程项目管理案例教程

主　编｜梁　腾
副主编｜吴淑平　杨建军　胡　浩
参　编｜李　季　刘铭露　周丽丽

机械工业出版社
CHINA MACHINE PRESS

本书较全面地讲述了通信工程项目管理相关知识。包括组织协调、合同管理、造价控制、进度管理、质量控制、安全管理、信息管理等重点内容；同时针对通信工程项目管理人员必备的通信工程制图与概预算和招标投标管理的知识进行了详细阐述；最后，以无线通信设备安装工程中的典型通信工程项目为例，从项目管理全流程的角度对通信工程项目管理进行说明和解析。同时，本书配有"学习工作手册"，实现通信工程项目管理理论与实践的有机结合。本书内容贴合行业实际，重点突出，方便学习。

本书适合作为高等职业院校电子信息类、通信类专业的教材，也可作为通信工程项目管理人员的参考书。

本书配有微课视频，扫描二维码即可观看。另外，本书配有电子课件，需要的教师可登录机械工业出版社教育服务网（www.cmpedu.com）免费注册，审核通过后下载，或联系编辑索取（微信：13261377872，电话：010-88379739）。

图书在版编目（CIP）数据

通信工程项目管理案例教程／梁腾主编． -- 北京：机械工业出版社，2025.4. --（高等职业教育系列教材）．
ISBN 978-7-111-77399-3

Ⅰ．TN91

中国国家版本馆 CIP 数据核字第 2025KP0962 号

机械工业出版社（北京市百万庄大街 22 号　邮政编码 100037）
策划编辑：和庆娣　　　　　　责任编辑：和庆娣　于伟蓉
责任校对：张爱妮　刘雅娜　　责任印制：张　博
北京建宏印刷有限公司印刷
2025 年 4 月第 1 版第 1 次印刷
184mm×260mm・15.25 印张・382 千字
标准书号：ISBN 978-7-111-77399-3
定价：65.00 元（含学习工作手册）

电话服务　　　　　　　　　　　网络服务
客服电话：010-88361066　　　机　工　官　网：www.cmpbook.com
　　　　　010-88379833　　　机　工　官　博：weibo.com/cmp1952
　　　　　010-68326294　　　金　书　网：www.golden-book.com
封底无防伪标均为盗版　　　　　机工教育服务网：www.cmpedu.com

Preface 前 言

自20世纪80年代以来，通信技术与通信产业一直是发展最为迅猛的领域之一，成为推动全球经济和社会进步的重要力量。党的二十大报告提出："坚持把发展经济的着力点放在实体经济上，推进新型工业化，加快建设制造强国、质量强国、航天强国、交通强国、网络强国、数字中国。"在这一背景下，中国通信行业迎来了前所未有的发展机遇，同时也面临着更加严峻的挑战。为了确保通信质量，提升用户体验，通信运营商不断加大对网络建设和维护的投入，这不仅为产业链上的企业带来了丰富的市场机会，也对通信工程项目管理人员的专业素养和综合能力提出了更高的要求。

正是基于这样的行业背景与需求，我们精心组织并编写了此书，旨在为通信行业培养更多高素质、高技能的工程项目管理人才。在编写过程中，始终秉持以下原则。

1) 紧贴行业前沿：密切关注通信行业的发展动态，将新技术、新成果、新标准融入教材中，确保内容的时效性和前瞻性。

2) 注重实践应用：通过引入大量真实的通信工程案例，帮助学习者更好地理解理论知识在实际工作中的应用，提升解决实际问题的能力。

3) 基于工作过程：以通信工程项目管理的实际工作流程为主线，系统介绍项目管理的各个阶段和关键环节，帮助学习者全面掌握项目管理的方法和技巧。

4) 强化技能培养：针对通信工程项目管理人员的实际需求，重点培养其在项目管理、工程制图、概预算、招标投标、合同管理、造价控制、进度管理、质量控制、安全管理以及信息管理等方面的综合技能。

全书共分10章，从通信工程项目及项目管理的基础知识出发，逐步深入到各个专业领域，并通过实际案例的分析和讲解，帮助读者将理论知识转化为实践能力。主要包括通信工程项目的组织与管理、通信工程制图与概预算、通信工程招标投标管理、通信工程项目合同管理、通信工程项目造价控制、通信工程项目进度管理、通信工程项目质量控制、通信工程项目安全管理、通信工程项目信息管理和通信工程项目管理全流程案例。同时，本书配套《通信工程项目管理案例教程学习工作手册》，包含各任务中的常用图表，贴合企业实际工作需求，并且工作手册独立装订，使用更便捷。

本书由云南交通职业技术学院梁腾，中国信息通信研究院吴淑平、李季、刘铭露、周丽丽，中国移动云南公司胡浩，黄冈教育谷投资控股有限公司杨建军共同编写。全书由梁腾统稿。

由于现代通信技术发展日新月异，加之编者水平有限，书中难免存在不妥之处，请读者谅解，并提出宝贵意见。

编　者

二维码资源清单

名称	二维码	页码	名称	二维码	页码
1.1.3 项目的基本建设程序		4	确定中标人		51
2.2.1 通信工程概预算的基本概念		25	4.2.2 合同的订立		78
通信工程建设单项工程总费用构成		26	4.2.5 合同争议处理		82
工程建设项目与通信工程建设项目		38	4.3 合同管理内容		83
必须进行招标的通信工程建设项目		39	4.4 索赔管理		88
集中招标		39	5.1.1 工程造价的含义		92
投保保证金		47	5.2.4 工程造价控制的程序		97
评标委员会的组成		49	施工图预算的编制		104

二维码资源清单

(续)

名称	二维码	页码	名称	二维码	页码
6.1.2 通信工程项目进度管理的基本特点		118	9.2.1 通信建设工程项目信息及信息流		168
组织开展工作分解		122	9.2.2 建设单位在各阶段的信息产生与收集		168
双代号网络图的绘制		127	9.2.4 施工单位在各阶段的信息产生与收集		170
双代号网络计划时间参数的计算		130	10.1.4 通信工程项目全流程		175
7.1.2 通信工程质量问题影响的因素		138	10.2 通信设备安装工程		180
7.3.1 通信工程质量问题和质量事故的概念		143	10.2.1 工程设计		180
7.4.5 直方图的应用		153	10.2.4 项目施工成本控制		185
8.1 安全生产		157			

V

目录 Contents

前言
二维码资源清单

第1章 通信工程项目的组织与管理 ... 1

1.1 通信工程项目及项目管理基础知识 ... 1
 1.1.1 项目及项目管理的概念 ... 1
 1.1.2 项目的分类 ... 2
 1.1.3 项目的基本建设程序 ... 4
 1.1.4 项目相关方职责 ... 8
1.2 通信工程项目组织管理 ... 8
 1.2.1 项目组织机构 ... 8
 1.2.2 项目经理 ... 11
 1.2.3 项目团队建设 ... 13
1.3 项目管理法律法规与标准规范基本知识 ... 14
 1.3.1 项目管理法律法规及规范标准 ... 14
 1.3.2 项目责任主体的法律关系 ... 15
 1.3.3 项目纠纷的处理方式 ... 16
本章小结 ... 17
习题 ... 17

第2章 通信工程制图与概预算 ... 18

2.1 通信工程制图 ... 18
 2.1.1 通信工程制图的规定 ... 18
 2.1.2 计算机辅助制图软件 ... 24
 2.1.3 图纸识读 ... 25
2.2 通信工程概预算 ... 25
 2.2.1 通信工程概预算的基本概念 ... 25
 2.2.2 通信工程概预算文件的组成 ... 27
 2.2.3 通信工程概预算文件的编制程序 ... 30
2.3 工程案例 ... 32
 2.3.1 已知条件 ... 32
 2.3.2 设计图纸及说明 ... 33
 2.3.3 统计工程量 ... 33
 2.3.4 统计主要材料 ... 35
 2.3.5 施工图预算编制 ... 35
本章小结 ... 36
习题 ... 36

第3章 通信工程招标投标管理 ... 37

3.1 通信工程招标投标 ... 37
 3.1.1 通信工程招标投标的基本概念 ... 37
 3.1.2 通信工程招标投标的基本程序 ... 41
3.2 通信工程招标投标案例 ... 53
 3.2.1 项目概况 ... 53
 3.2.2 文件发售情况 ... 54
 3.2.3 开标 ... 54
 3.2.4 评标 ... 55
 3.2.5 公示中标候选人及相应异议处理 ... 59
 3.2.6 案例分析 ... 59
3.3 通信工程招标投标的常见问题 ... 61
 3.3.1 招标阶段常见问题 ... 61
 3.3.2 投标阶段常见问题 ... 63

3.3.3 开标阶段常见问题 …………… 63
3.3.4 评标阶段常见问题 …………… 64
3.3.5 定标阶段常见问题 …………… 66
3.4 实训演练 ……………………………… 66
　3.4.1 招标文件 ……………………… 66
3.4.2 开标记录 ……………………… 70
3.4.3 评标报告 ……………………… 72
本章小结 …………………………………… 75
习题 ………………………………………… 75

第4章 通信工程项目合同管理 …………………………………………… 77

4.1 概述 …………………………………… 77
　4.1.1 合同概念 ……………………… 77
　4.1.2 建设工程合同的类型 ………… 78
4.2 合同管理的流程 ……………………… 78
　4.2.1 合同管理的原则 ……………… 78
　4.2.2 合同的订立 …………………… 78
　4.2.3 合同的履行 …………………… 81
　4.2.4 合同的变更及解除 …………… 82
　4.2.5 合同争议处理 ………………… 82
4.3 合同管理内容 ………………………… 83
　4.3.1 勘察合同 ……………………… 83
　4.3.2 设计合同 ……………………… 85
　4.3.3 施工合同 ……………………… 86
4.4 索赔管理 ……………………………… 88
　4.4.1 索赔的起因 …………………… 88
　4.4.2 索赔的分类 …………………… 88
　4.4.3 索赔的程序 …………………… 89
　4.4.4 索赔费用的组成 ……………… 89
　4.4.5 工期索赔的分析 ……………… 90
4.5 案例 …………………………………… 90
本章小结 …………………………………… 91
习题 ………………………………………… 91

第5章 通信工程项目造价控制 …………………………………………… 92

5.1 工程造价概述 ………………………… 92
　5.1.1 工程造价的含义 ……………… 92
　5.1.2 工程造价的计价特点 ………… 93
　5.1.3 工程造价的构成 ……………… 94
　5.1.4 工程造价的确定依据 ………… 95
　5.1.5 工程造价的计价方法 ………… 95
5.2 工程造价控制 ………………………… 95
　5.2.1 工程建设程序 ………………… 96
　5.2.2 工程造价控制的主要内容 …… 96
　5.2.3 工程造价控制的基本原则 …… 96
　5.2.4 工程造价控制的程序 ………… 97
5.3 通信工程项目不同阶段的造价
　　 控制 …………………………………… 98
　5.3.1 通信工程项目决策阶段造价
　　　　控制 …………………………… 98
　5.3.2 通信工程勘察设计阶段造价
　　　　控制 …………………………… 101
　5.3.3 通信工程项目发承包阶段
　　　　造价控制 ……………………… 105
　5.3.4 通信工程实施阶段造价
　　　　控制 …………………………… 108
　5.3.5 通信工程验收阶段造价
　　　　控制 …………………………… 113
本章小结 …………………………………… 116
习题 ………………………………………… 116

第6章 通信工程项目进度管理 …………………………………………… 117

6.1 通信工程项目进度管理概述 …… 117
6.1.1 通信工程项目进度管理的

　　　　概念 …………………………… 117
　6.1.2　通信工程项目进度管理的
　　　　基本特点 ………………………… 118
　6.1.3　通信工程项目进度管理的
　　　　影响因素 ………………………… 118
6.2　通信工程项目进度管理主要
　　内容 …………………………………… 119
　6.2.1　通信工程项目进度管理标准
　　　　监控点 …………………………… 119
　6.2.2　通信工程进度计划管理 ……… 121
6.3　通信工程项目进度管理工具 ……… 123
　6.3.1　横道图 …………………………… 123
　6.3.2　网络计划技术 ………………… 125
本章小结 …………………………………… 135
习题 ………………………………………… 136

第7章　通信工程项目质量控制 ……………………………………………… 137

7.1　通信工程项目质量控制概述 ……… 137
　7.1.1　通信工程项目质量控制的
　　　　相关概念 ………………………… 137
　7.1.2　通信工程质量问题的影响
　　　　因素 ……………………………… 138
7.2　通信工程项目的质量管理与
　　控制 …………………………………… 140
　7.2.1　通信工程项目建设各阶段
　　　　质量管理与控制要点 …………… 140
　7.2.2　通信工程项目各参与方质量
　　　　管理与控制要点 ………………… 141
7.3　通信工程质量事故的处理 ………… 143
　7.3.1　通信工程质量问题和质量
　　　　事故的概念 ……………………… 143
　7.3.2　通信工程质量事故产生的
　　　　原因 ……………………………… 144
　7.3.3　通信工程质量事故的分析
　　　　处理 ……………………………… 146
7.4　通信工程项目质量管理中常用的
　　数理统计方法 ………………………… 147
　7.4.1　分层法的应用 ………………… 147
　7.4.2　排列图的应用 ………………… 148
　7.4.3　检查表的应用 ………………… 149
　7.4.4　因果图的应用 ………………… 151
　7.4.5　直方图的应用 ………………… 153
　7.4.6　散布图的应用 ………………… 155
　7.4.7　控制图的应用 ………………… 155
本章小结 …………………………………… 156
习题 ………………………………………… 156

第8章　通信工程项目安全管理 ……………………………………………… 157

8.1　安全生产 …………………………… 157
8.2　安全管理 …………………………… 158
　8.2.1　通信工程各参与方安全生产
　　　　责任 ……………………………… 158
　8.2.2　通信工程安全生产费用
　　　　管理 ……………………………… 161
8.3　通信工程项目安全控制方法 ……… 161
8.4　安全生产的典型案例 ……………… 162
本章小结 …………………………………… 163
习题 ………………………………………… 163

第9章　通信工程项目信息管理 ……………………………………………… 164

9.1　项目信息管理 ……………………… 164
　9.1.1　项目信息管理的概念 ………… 164
　9.1.2　建设工程项目信息管理 ……… 165
9.2　通信建设工程项目信息管理 ……… 168

9.2.1	通信建设工程项目信息及信息流 …………………… 168	9.2.4	施工单位在各阶段的信息产生与收集 ………………… 170	
9.2.2	建设单位在各阶段的信息产生与收集 ………………… 168	9.2.5	监理单位在各阶段的信息产生与收集 ………………… 170	
9.2.3	勘察设计单位在各阶段的信息产生与收集 …………… 169	本章小结 …………………………… 172 习题 ………………………………… 172		

第 10 章　通信工程项目管理全流程案例 …………… 173

10.1　通信工程项目管理全流程 …… 173

- 10.1.1　工程项目管理的概念 ……… 173
- 10.1.2　工程项目管理的主要任务 … 173
- 10.1.3　工程项目管理流程 ………… 174
- 10.1.4　通信工程项目全流程 ……… 175
- 10.1.5　全流程管理要点 …………… 175

10.2　通信设备安装工程 …………… 180

- 10.2.1　工程设计 …………………… 180
- 10.2.2　施工招标投标 ……………… 183
- 10.2.3　项目施工进度控制 ………… 183
- 10.2.4　项目施工成本控制 ………… 185
- 10.2.5　项目施工质量控制 ………… 187
- 10.2.6　项目施工结算和验收 ……… 188

10.3　实训项目 ……………………… 189

本章小结 …………………………………… 190
习题 ………………………………………… 190

参考文献 …………………………………… 191

第 1 章　通信工程项目的组织与管理

科技的发展，有力地推动了社会的进步。现阶段，通信技术的影响力极大，通信工程也成了我国的重点工程，应用领域越发广泛。随着 5G 技术的全面发展，三大运营商在通信领域的不断投入推动了通信工程项目的快速增长。鉴于通信工程项目建设难度很大，工程施工技术性较强，以及多种干扰因素，如果管理工作不到位，可能引发不同程度的工程建设问题，影响工程质量。因此，必须强化通信工程项目的组织与管理，以确保通信工程建设质量，进一步推动社会的稳定前行。

学习要点
- 通信工程项目及项目管理基本知识。
- 通信工程项目组织管理。
- 项目管理法律法规与标准规范。

素养目标
- 学习通信工程项目的概念、分类、基本程序以及组织管理，提升学生的职业感知和团队精神。
- 学习项目管理主要的法律法规与标准规范，增强学生的法律意识和规范意识。

1.1　通信工程项目及项目管理基础知识

随着我国经济的快速发展，通信工程的建设规模越来越大，建设的数量也越来越多，人们对于通信工程项目管理质量的要求也越来越高。

1.1.1　项目及项目管理的概念

工程项目是指为达到预期的目标，投入一定量的资本，在一定的约束条件下，经过决策与实施的必要程序而形成固定资产的一次性事业。其基本特征包括建设目标的明确性、工程项目的综合性、工程项目的长期性、工程项目的风险性等。从管理角度来看，一个工程项目是在一个总体设计或总概算范围内，由一个或几个互有联系的单项工程组成，这些工程在建设时实行统一核算、统一管理，建成后在经济上可独立核算经营，在行政上又可以统一管理。

通信工程项目是工程项目的一类，是指涉及通信基础设施、设备和系统建设、升级或改造的工程项目。这些项目可能包括新建的通信网络、升级现有的网络设施，或对现有网络进行优化和改进。通信工程项目通常涉及多个领域的知识，如电子工程、信息工程、计算机科学等。

通信工程项目管理是指对通信工程项目的计划、执行、控制和收尾等一系列活动进行的管理。项目管理旨在确保项目的顺利实施，以满足或超越项目目标。项目管理关注项目的范围、时间、成本和质量，同时强调对风险的预防、评估和应对。

1.1.2 项目的分类

通信工程项目基于不同视角，可进行以下分类。

1. 按照投资的性质不同分类

根据投资性质进行划分，分为基本建设项目和更新改造项目两类。

（1）基本建设项目

基本建设项目是指利用国家预算内基建拨款投资、国内外基本建设贷款、自筹资金及其他专项资金进行的，以扩大生产能力或增加工程效益为主要目的而建设的各类工程及有关工作。如通信工程中的长途传输、卫星通信、移动通信、电信用机房等的建设。具体分为以下几类。

1）新建项目。即根据国民经济和社会发展的近远期规划，从无到有新开始建设的项目，也就是在原有固定资产为零的基础上投资建设的项目。按国家规定，若建设项目原有基础很小，扩大建设规模后，新增的固定资产价值超过原有全部固定资产价值 3 倍时，也可算为新建项目。

2）扩建项目。即现有企事业单位在原有基础上投资扩大建设的项目。如扩容主要电信机房或线路等。

3）改建项目。这是指企事业单位为提高生产效率、改进产品质量，或改进产品方向，对原有设备、工艺条件进行改造的项目。我国规定，企业为消除各工序或各车间之间生产能力不平衡，增减或扩建的不直接增加本企业主要产品能力的车间为改建项目。

4）重建项目。这是指企事业单位因固定资产受自然灾害、战争或人为灾害等原因已全部或部分报废，又投资重新建设的项目。但是尚未建成投产的项目因自然灾害损坏再重建的，则仍然按照原项目看待，不属于重建项目。

5）迁建项目。这是指原有企事业单位由于各种原因迁到另外的地方建设的项目。搬迁到另外地方建设，不论其建设规模是否维持原来规模，都是迁建项目。

（2）更新改造项目

更新改造项目是指对于企事业单位原有设施进行技术改造或固定资产更新，以及建设相应配套的辅助性生产、生活福利等设施的工程和有关工作。具体包括如下内容。

1）技术改造项目。这是指企业利用自有资金、国内外贷款、专项基金和其他资金，通过采用新技术、新工艺、新设备、新材料对现有固定资产进行更新、技术改造及其相关的经济活动，用来增加产品品种、提高产品质量、扩大生产能力、降低生产成本、改善工作条件等的改造工程项目。通信技术改造项目的主要范围如下。

- 现有通信企业增装和扩大数据通信、多媒体通信、软交换、移动通信、宽带接入以及营业服务的各项业务的自动化、智能化处理等设备，或采用新技术、新设备的更新换代工程及相应的补缺配套工程。
- 原有电缆、光缆、微波传输系统、卫星通信系统和其他无线通信系统的技术改造、更新换代和扩容工程。
- 原有本地网的扩建增容、补缺配套，以及采用新技术、新设备的更新和改造工程。
- 电信机房或其他建筑物推倒重建或异地重建。
- 其他列入改造计划的工程。

2）技术引进项目。技术引进项目是技术改造项目的一种，指从国外引进专利、技术许可证和先进设备，再配合国内投资建设的工程项目。

3）设备更新项目。设备更新项目是指采用技术更先进、结构更完善、效率更高、性能更好且耗费资源和原材料更少的新型设备替换原有的技术上不能或经济上不宜继续使用的旧设备，以节约资源、提高效益的投资项目。

2. 按建设规模不同分类

按规模不同，建设项目可划分为大型、中型和小型项目（根据各个时期经济发展水平和需求规模划分会有所变化，执行时以国家主管部门的规定为准）；对于技术改造项目，则又可分为限额以上项目和限额以下项目。根据原邮电部〔1987〕251 号《关于发布邮电固定资产投资计划管理的暂行规定的通知》通信固定资产投资计划项目的划分标准，通信工程项目分为基建大中型项目和技改限上项目、基建小型项目和技改限下项目两类。

（1）基建大中型项目和技改限上项目

基建大中型项目是指长度在 500km 以上的跨省、区长途通信电缆、光缆，长度在 1000km 以上的跨省、区长途通信微波，及总投资在 5000 万元以上的其他基本建设项目。

技改限上项目是指限额在 5000 万元以上的技术改造项目。

（2）基建小型项目和技改限下项目（统计中的技改其他项目）

基建小型项目是指建设规模或计划总投资在大中型以下的基本建设项目。

技改限下项目是指计划投资在限额以下的技术改造项目。

3. 按照工程的构成层次分类

根据工程项目的组成内容和构成层次，从大到小可分解为单项工程、单位工程、分部工程和分项工程。

单项工程一般是指具有独立设计文件可以独立施工、建成后可独立发挥生产能力或效益的工程。从施工角度看，单项工程就是一个独立的系统，如一个生产车间、一幢办公楼等。一个工程项目可能由若干个单项工程组成，也可能只有一个单项工程。

单位工程指具有独立施工条件，但建成后不能独立发挥生产能力或效益的工程。一个单位工程可是一个建筑工程或一项设备与安装工程。若干个单位工程可构成单项工程。

分部工程是指单位工程的组成部分，是单位工程的进一步分解。它是按照工程部位、设备种类和型号或以主要工种工程为依据所做的分类。

分项工程是指分部工程的组成部分，一般按照工种工程划分，是形成建筑产品基本构件的施工过程。

4. 按单项工程划分

通信工程按专业分为通信线路工程、通信管道工程和通信设备安装工程，再具体又细分为多个单项工程，单项工程划分见表 1-1。

表 1-1 单项工程划分

专业类别	单项工程名称	备注
通信线路工程	1. ××光、电缆线路工程 2. ××水底光、电缆工程（包括水线房建筑及设备安装） 3. ××用户线路工程（包括主干及配线光、电缆，交接及配线设备、集线器、杆路等） 4. ××综合布线系统工程 5. ××光纤到户工程	进局及中继光（电）缆工程可按每个城市作为一个单项工程

（续）

专业类别		单项工程名称	备注
通信管道工程		××通信管道工程	
有线通信设备安装工程	传输设备安装工程	1. ××数字复用设备及光、电设备安装工程 2. ××中继设备、光放设备安装工程	
	交换设备安装工程	××通信交换设备安装工程	
	数据通信设备安装工程	××数据通信设备安装工程	
	视频监控设备安装工程	××视频监控设备安装工程	
无线通信设备安装工程	微波通信设备安装工程	××微波通信设备安装工程（包括天线、馈线）	
	卫星通信设备安装工程	××地球站通信设备安装工程（包括天线、馈线）	
	移动通信设备安装工程	1. ××移动控制中心设备安装工程 2. ××基站设备安装工程（包括天线、馈线） 3. ××分布系统设备安装工程	
铁塔安装工程		××铁塔安装工程	
电源设备安装工程		××电源设备安装工程（包括专用高压供电线路工程）	

5. 按建设类别划分

通信工程按建设类别划分为一类工程、二类工程、三类工程、四类工程，见表1-2。

表1-2 通信工程建设类别

工程类别	条件	备注
一类工程	1. 大、中型项目或投资额在5000万元以上的通信工程项目 2. 省际通信工程项目 3. 投资额在2000万元以上的部定通信工程项目	
二类工程	1. 投资额在2000万元以下的部定通信工程项目 2. 省内通信干线工程项目 3. 投资额在2000万元以上的省定通信工程项目	具备条件之一即成立
三类工程	1. 投资额在2000万元以下的省定通信工程项目 2. 投资额在500万元以上的通信工程项目 3. 地市局工程项目	
四类工程	1. 县局工程项目 2. 其他小型项目	

1.1.3 项目的基本建设程序

以通信工程的大中型和限额以上的建设项目为例，从建设前期工作到建设、投产，期间要经过立项、实施和验收投产三个阶段，如图1-1所示。

项目的基本建设程序

1. 立项阶段

（1）项目建议书

部门、地区或企业一般根据国民经济和社会发展的长远规划、行业规划、地区规划或企业发展的需要等要求，经过调查、预测、分析，编制提出项目建议书。项目建议书是要求建设某一具体项目的建设文件，是基本建设程序中最初阶段的工作，是投资决策前对拟建项目的轮廓设想。它主要从宏观上来考察项目建设的必要性，因此，项目建议书把论证的重点放在项目是

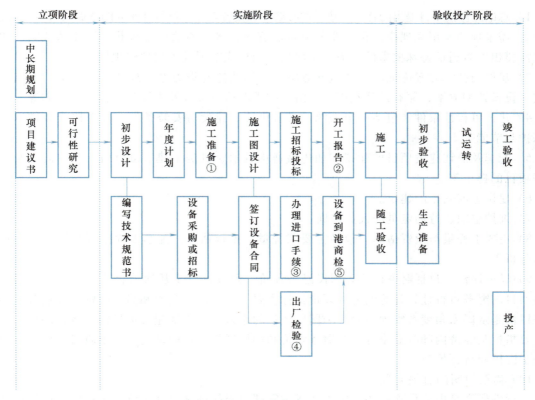

图 1-1 基本建设程序

说明：①施工准备：包括征地、拆迁、三通一平、地质勘探等。
②开工报告：属于引进项目或设备安装项目（没有新建机房），设备发运后，即可写出开工报告。
③办理进口手续：引进项目按国家有关规定办理报批及进口手续。
④出厂检验：对复杂设备（无论购置国内、国外的）进行出厂检验工作。
⑤设备到港商检：非引进项目是指设备到货检查。

否符合国家宏观经济政策，是否符合产业政策和产品结构要求，是否符合生产布局要求等方面，从而减少盲目建设和不必要的重复建设。项目建议书主要论证项目建设的必要性，建设方案和投资估算相对比较粗，投资估算误差一般为 30% 左右。当项目建议书批准后即可立项，进行可行性研究。

项目建议书的内容主要有：项目提出的必要性和依据；项目的技术基础；产品市场，资源、建设条件情况和当地的优、劣势等初步分析；项目建设规模、地点及产品方案的初步设想；项目投资估算及资金筹措；环境保护、资源综合利用、节能情况；项目财务分析、经济分析及主要指标等。

（2）可行性研究

可行性研究是根据国民经济发展规划及项目建议书，运用多种研究成果，在建设项目投资决策前对有关建设方案、技术方案或生产经营方案进行相关技术经济论证。论证的依据是调研报告。可行性研究观察项目在技术上的先进性和适用性，经济上的营利性和合理性，建设的可能性和可行性等。项目详细可行性研究阶段的投资估算误差一般应控制在 10% 以内。可行性研究的具体内容，随行业的不同而有所差别。通信工程建设的可行性研究报告一般应包括以下几项主要内容：

1）总论。包括项目提出的背景，建设的必要性和投资效益，可行性研究的依据及简要结论等。

2）需求预测与拟建规模。包括业务流量、流向预测，通信设施现状，国家从战略、边海防等需要出发对通信特殊要求的考虑，拟建项目的构成范围及工程拟建规模等。

3）建设与技术方案论证。包括组网方案，传输线路建设方案，局站建设方案，通路组织方案，设备选型方案，原有设施利用、挖潜和技术改造方案以及主要建设标准的考虑等。

4）建设可行性条件。包括资金来源、设备供应、建设与安装条件、外部协作条件以及环境保护与节能等。

5）配套及协调建设项目的建议。如进城通信管道、机房土建、市电引入、空调以及配套工程项目的提出等。

6）建设进度安排的建议。

7）维护组织、劳动定员与人员培训。

8）主要工程量与投资估算。包括主要工程量，投资估算，配套工程投资估算，单位造价指标分析等。

9）经济评价。包括财务评价和国民经济评价。财务评价是从通信企业或通信行业的角度考察项目的财务可行性，计算的财务评价指标主要有财务内部收益和静态投资回收期等；国民经济评价是从国家角度考察项目对整个国民经济的净效益，论证建设项目的经济合理性，计算的主要指标是经济内部收益率等。当财务评价和国民经济评价的结论发生矛盾时，项目的取舍取决于国民经济评价。

10）需要说明的有关问题。

可行性研究是由建设项目的投资主体或主管部门委托勘察设计单位、工程咨询单位按基本建设审批规定的要求进行的研究。

2. 实施阶段

（1）初步设计

设计文件是安排建设项目和组织施工的主要依据，一般由主管部门或建设单位委托设计单位编制。一般建设项目按初步设计和施工图设计两个阶段进行。对于技术复杂且缺乏经验的项目，经主管部门指定，按初步设计、技术设计和施工图设计三个阶段进行。

初步设计是根据批准的可行性研究报告，以及有关的设计标准、规范，并通过现场勘察工作取得的设计基础资料后进行编制的。初步设计的主要任务是确定项目的建设方案，进行设备选型，编制工程项目的总概算。其中，初步设计中的主要设计方案及重大技术措施等应通过技术经济分析，进行多方案比选论证，未采用方案的扼要情况及采用方案的选定理由均应写入设计文件。初步设计和总概算按其规模大小和规定的审批程序，报相应主管部门批准。经批准后，设计部门方可进行施工图阶段设计。

技术设计是对初步设计确定的内容进一步深化，主要明确所采用的工艺过程，建筑和结构的重大技术问题，设备的选型和数量，并编制修正总概算。

（2）年度计划

建设项目初步设计和总概算批准后，经资金、物资、设计、施工能力等综合平衡后，列入国家或企业年度基本建设计划。年度计划包括基本建设拨款计划、设备和主材料（采购）储备贷款计划、工期组织配合计划等。年度计划是进行工程建设拨款或贷款、分配资源和设备的主要依据。

（3）施工准备

施工准备是基本建设程序中的重要环节，建设单位应根据建设项目或单项工程的技术特点，适时组成机构，做好以下几项工作：

1) 制定建设工程管理制度，落实管理人员。
2) 汇总拟采购设备、主材的技术资料。
3) 落实施工和生产物资的供货来源。
4) 落实施工环境的准备工作，如征地、拆迁、"三通一平"（水、电、路通和平整土地）等。

（4）施工图设计

施工图设计文件应根据批准的初步设计文件和主要设备订货合同进行编制，并绘制施工详图，标明房屋、建筑物、设备的结构尺寸，安装设备的配置关系和布线，施工工艺，提供设备、材料明细表，并编制施工图预算。

（5）施工招标投标

施工招标投标是建设单位将建设工程发包，施工企业投标竞争，从中评定出技术、管理水平高，信誉可靠且报价合理的中标企业。推行施工招标投标对于择优选择施工企业，确保工程质量和工期具有重要意义。

（6）开工报告

经施工招标，签订承包合同后，建设单位在落实年度资金拨款、设备和主材的供货及工程管理组织后，于开工前一个月会同施工单位、主管部门提出开工报告。

在项目开工报批前，应由审计部门对项目的有关费用计取标准及资金渠道进行审计，然后方可正式开工。

（7）施工

施工是由施工单位按照年度计划、设计文件的规定，确定实施方案，将建设项目的设计，变成可供人们进行生产和生活活动的建筑物、构筑物等固定资产的过程。为确保工程质量，施工必须严格按照施工图纸、施工验收规范等要求进行，按照合理的施工顺序组织施工。通信工程建设项目的施工应由持有相关资质证书的单位承担。

在施工过程中，隐蔽工程在每一道工序完成后由建设单位委派的工地代表随工验收，如果是采用监理的工程，则由监理工程师履行此项职责。验收合格后才能进行下一道工序。

3. 验收投产

（1）初步验收

初步验收通常是单项工程完工后，检验其各项技术指标是否达到设计要求。初步验收一般由施工企业完成施工承包合同工程量后，依据合同条款向建设单位申请项目完工验收，提出交工报告，由建设单位或由其委托监理公司组织相关设计、施工、维护、档案及质量管理等部门参加。除小型建设项目外，其他所有新建、扩建、改建等基本建设项目以及属于基本建设性质的技术改造项目，都应在完成施工调测之后进行初步验收。初步验收的时间应在原定计划建设工期内进行。初步验收工作包括检查工程质量，审查交工资料，分析投资效益，对发现的问题提出处理意见，并组织相关责任单位落实解决。

（2）试运转

试运转由建设单位负责组织，供货厂商、设计、施工和维护部门参加，对设备、系统的性能、功能和各项技术指标以及设计和施工质量等进行全面考核。经过试运转，如发现有质量问题，则由相关责任单位负责免费返修。通信工程建设项目的试运转期一般为3个月，试运转期结束后,根据通信网络和系统的运行情况,即可组织竣工验收的准备工作。

(3) 竣工验收

竣工验收是工程建设的最后一个环节,是全面考核建设成果、检验设计和工程质量是否符合要求,审查投资使用是否合理的重要步骤。建设项目按批准的设计文件所规定的内容建设完成后,便可以组织竣工验收。验收合格后,施工单位应向建设单位办理工程移交和竣工结算手续,使工程由基本建设系统转入生产系统,并交付使用。

1.1.4 项目相关方职责

通信工程项目涉及众多相关方,每个相关方在项目中扮演不同的角色,承担相应的职责。以下是常见的相关方及其职责。

1)建设单位:负责项目的整体规划、立项审批、资金筹措等工作。
2)设计单位:负责项目的设计工作,包括方案设计、施工图设计等。
3)施工单位:负责项目的施工工作,包括施工组织、进度控制、质量管理等。
4)监理单位:负责对项目的施工过程进行监督、检查和验收。
5)供应商:负责提供项目所需的产品和服务,包括设备、材料、劳务等。
6)用户:作为项目的最终使用者,参与项目的需求分析和设计阶段。
7)政府部门:负责项目的审批、监督和验收工作。

1.2 通信工程项目组织管理

通信工程项目的组织管理是指在项目生命周期中,通过建立有效的组织结构,明确相关方的职责和权利,协调人力、物力、财力等各种资源,以实现项目的目标。通信工程项目的组织管理对于项目的成功至关重要,它可以确保项目团队成员之间沟通顺畅、任务分配合理、工作协调一致,从而提高项目执行的效率和质量。

1.2.1 项目组织机构

通信工程项目的组织机构是指项目的组织结构形式,通常包括以下几种类型。

1. 职能型组织机构

这种组织机构按照职能划分为不同的部门,例如工程部门、技术部门、质量部门等。每个部门负责各自领域的工作,具有专业化的特点,如图1-2所示。

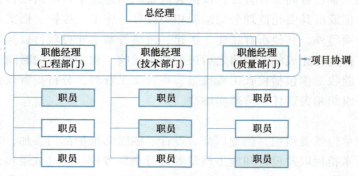

图1-2 职能型组织机构

(1) 职能型组织机构的优点

职责流程非常明确,通过名字就能知道组织定位,比如技术部的职责就很明确——负责技术,并且这种垂直管理的控制力和执行力非常强,部门经理直接对部门所有成员进行管控,利于专业化积累。

(2) 职能型组织机构的缺点

当项目需要由多个部门共同完成时,权力分割不利于各职能部门之间的沟通交流、团结协作。项目经理没有足够的权力控制项目的进展;此时,项目成员在行政上仍隶属于各职能部门的领导,项目经理对项目成员没有完全的管控权力,项目经理需要不断地同职能部门进行有效的沟通,以消除项目成员的顾虑。当小组成员对部门经理和项目经理都要负责时,项目团队的管理经常是复杂的。对这种双重报告关系的有效管理常常是项目成功的最重要因素,而且通常是项目经理的责任。

2. 项目型组织机构

这种组织机构以项目为单位,成立专门的项目团队,负责项目的整体规划、执行和监控,项目团队具有较高的独立性和自主性,如图1-3所示。

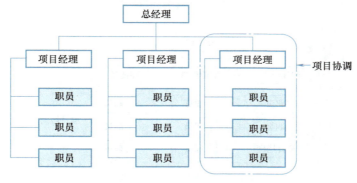

图1-3 项目型组织机构

(1) 项目型组织机构的优点

1) 项目经理对项目可以全权负责,可以根据项目需要随意调动项目的内部资源或者外部资源。

2) 项目型组织的目标单一,完全以项目为中心安排工作,决策的速度得以加快,能够对客户的要求及时做出响应,项目组团队精神得以充分发挥,有利于项目的顺利完成。

3) 项目经理对项目成员有全部管控权力,项目成员只对项目经理负责,避免了职能型项目组织下项目成员处于多重领导、无所适从的局面,项目经理是项目真正、唯一的领导者。

4) 组织结构简单,易于操作。项目成员直接属于同一部门,彼此之间的沟通交流简洁、快速,提高了沟通效率,同时加快了决策速度。

(2) 项目型组织机构的缺点

1) 对于每一个项目型组织,资源不能共享,即使某个项目的专用资源闲置,也无法应用于另外一个同时进行的类似项目,人员、设施、设备重复配置会造成一定程度的资源浪费。

2) 公司里各个独立的项目型组织处于相对封闭的环境之中,公司的宏观政策、方针很难做到完全、真正的贯彻实施,可能会影响公司的长远发展。

3) 在项目完成以后,项目型组织中的项目成员或者被派到另一个项目中去,或者被解雇,对于项目成员来说，缺乏一种事业上的连续性和安全感。

4）项目之间处于一种条块分隔状态，项目之间缺乏信息交流，不同的项目组很难共享知识和经验，项目成员的工作会出现忙闲不均的现象。

3. 矩阵型组织机构

这种组织机构结合了职能型和项目型的优点，通过建立纵横交错的矩阵结构，实现各部门之间的协调和合作。根据项目的重要紧急情况组建的矩阵型组织机构通常又分为弱矩阵型（见图1-4）、平衡矩阵型（见图1-5）和强矩阵型（见图1-6）三种。

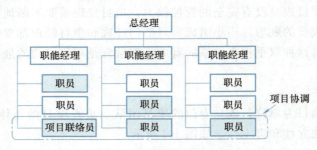

图1-4　弱矩阵型组织机构

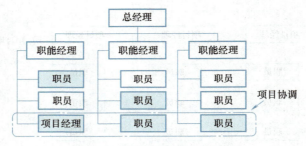

图1-5　平衡矩阵型组织机构

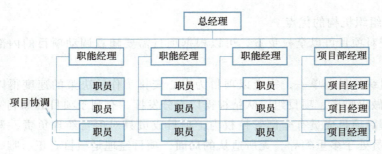

图1-6　强矩阵型组织机构

这种组织机构是根据项目的需要，从不同的部门中选择合适的项目成员组成一个临时项目组，项目结束之后，这个项目组也就解散了，然后各个成员回到各自原来的部门，团队的成员需要向不同的经理汇报工作。

这种组织结构的关键是项目经理需要具备好的谈判和沟通技能，要求项目经理与职能经理之间建立友好的工作关系。项目成员需要适应于两个上司协调工作。

通过加强横向联结和资源整合，实现信息共享，提高反应速度等，这种组织结构不仅符合当前的形势要求，也适用于管理规范、分工明确的公司或者跨职能部门的项目。

(1) 矩阵型组织机构的优点

1) 专职的项目经理负责整个项目，以项目为中心，能迅速解决问题。在最短的时间内调配人才，组成一个团队，把不同职能的人才集中在一起。

2) 多个项目可以共享各个职能部门的资源，在矩阵管理中，人力资源得到了更有效的利用，减少了人员冗余。

3) 既有利于项目目标的实现，也有利于公司目标方针的贯彻。

4) 项目成员的顾虑减少了，因为项目完成后，他们仍然可以回到原来的职能部门，不用担心被解雇，而且他们能有更多机会接触自己企业的不同部门。

(2) 矩阵型组织机构的缺点

1) 容易引起职能经理和项目经理权力的冲突。

2) 资源共享可能引起项目之间的冲突。

3) 项目成员有多位领导，即员工必须接受双重领导。

1.2.2 项目经理

从职业角度，项目经理是指企业建立以项目经理责任制为核心，为对项目实行质量、安全、进度、成本管理的责任保证体系和全面提高项目管理水平而设立的重要管理岗位。项目经理是对项目的成功策划和执行负总责的人。项目经理是项目团队的领导者，项目经理首要的职责是在预算范围内按时优质地领导项目小组完成全部项目工作内容，并使客户满意。

1. 项目经理责任制

(1) 项目经理责任制的概念

项目经理责任制是以项目经理为责任主体的工程总承包项目管理目标责任制度。根据我国GB/T 50358—2017《建设项目工程总承包管理规范》的要求，建设项目工程总承包要实行项目经理责任制。

实行项目经理责任制，是实现承建工程项目合同目标，提高工程效益和企业综合经济效益的一种科学管理模式。项目经理实行持证上岗制度，对工程项目质量、安全、工期、成本和文明施工等全面负责。

(2) 项目经理部

项目经理部是由项目经理在企业的支持下组建并领导、进行项目管理的组织机构。项目经理部也就是一个项目经理（项目法人）、一支队伍的组合体，是一次性的具有弹性的现场生产组织机构。建设有效的项目经理部是项目经理的首要职责。

项目施工是指根据工程建设项目所具有的单件性特点，组建临时性的项目管理团队，即项目经理部，对承建工程实施全面、全员和全过程管理。

项目经理部既然是组织机构，其设置就要遵循组织机构的设置原则，根据建设单位或施工单位选择具体形式，设立的基本步骤如下：

1) 根据企业批准的"项目管理规划大纲"，确定项目经理部的管理任务和组织形式。

2) 确定项目经理部的层次，设立职能部门与工作岗位。

3) 确定人员、职责、权限。

4) 由项目经理根据"项目管理目标责任书"进行目标分解。

5) 组织有关人员制定规章制度和目标责任考核、奖惩制度。

2. 项目经理的职责

无论哪一个建设主体，项目经理的基本任务和职责都是有共性的，比如制定项目计划、负责项目执行、监控项目进展、沟通协调等，但不同建设主体的项目经理，因其代表的利益不同，承担工作的范围不同，任务和职责不可能完全相同。这里，主要介绍建设单位和施工单位项目经理的任务及职责。

（1）建设单位项目经理

建设单位项目经理是组织和领导一个完整工程项目建设的总负责人。一些小型项目的项目经理可由一个人担任，但对一些规模大、工期长且技术复杂的工程项目，则由工程总负责人、工程投资控制者、进度控制者、质量控制者及合同管理者等人组成项目经理部，对项目建设全过程进行管理。建设单位也可配备分阶段项目经理，如准备阶段项目经理、设计阶段项目经理和施工阶段项目经理等。

建设单位项目经理的职责包括：

1）确定项目职责目标，明确各主要人员的职责分工。

2）确定项目总进度计划，并监督执行。

3）负责可行性报告及设计任务书的编制。

4）控制工程投资额。

5）控制工程进度和工期。

6）控制工程质量。

7）管理好合同，在合同有变动时，及时做出调整和安排。

8）制定项目技术文件和管理制度。

9）审查批准与项目有关的物资采购活动。

10）其他职责，包括协调各方面工作以及实现项目目标的策略制定与执行。

（2）施工单位项目经理

施工单位的项目经理是负责一个工程项目施工的总负责人，也是施工项目经理部的最高负责人和组织者。项目经理部由工程项目施工负责人、施工现场负责人、施工成本负责人、施工进度控制者、施工技术与质量控制者、合同管理者等人员组成。施工单位项目经理的职责是由其所承担的任务决定的，应当履行以下职责：

1）贯彻执行国家和工程所在地政府的有关法律、法规和政策，执行企业的各项管理制度。

2）严格维护财经制度，加强财经管理，正确处理国家、企业和个人的利益关系。

3）签订和组织履行"项目管理目标责任书"，执行企业和业主签订的"项目承包合同"中由项目经理负责履行的各项条款。

4）对工程项目施工进行有效控制，执行有关技术规范和标准，积极推广应用新技术，确保工程质量和工期，实现安全、文明生产，努力提高经济效益。

5）组织编制工程项目施工组织设计，并组织实施。

6）根据公司年（季）度施工生产计划，组织编制季（月）度施工计划，并严格履行。

7）科学组织和管理进入项目工地的人、财、物资源，协调和处理与相关单位之间的关系。

8）组织确定项目经理部各类管理人员的职责权限和各项规章制度，定期向公司经理报告工作。

9）做好工程竣工结算、资料整理归档，接受企业审计并做好项目经理部的解体与善后工作。

3. 项目经理的权限

为了给项目经理创造履行职责的条件，企业必须给项目经理一定的权限，包括参与企业进行的施工项目投标和签订施工合同，以及用人决策权、现场管理协调权、财务决策权、技术质量决策权、物资采购决策权、进度计对控制权。授权的依据主要是"权责一致，权能匹配"。

项目经理有权按工程承包合同的规定，根据项目随时出现的人、财、物等资源变化情况进行指挥调度，对于施工组织设计和网络计划，也有权在保证总目标不变的前提下进行优化和调整，以应对施工现场临时出现的各种变化。

4. 项目经理的素质能力

1）管理能力：项目经理需要具备高效的项目管理能力，包括计划制定、资源调配、进度控制等能力。

2）领导能力：项目经理需要具备良好的领导能力，能够激发团队士气，建立良好的团队氛围。

3）技术能力：项目经理需要具备相应的技术知识和技能，了解项目所涉及的技术领域，能够进行技术把关和指导。

4）沟通能力：项目经理需要具备出色的沟通能力，能够与各方进行有效沟通，协调解决问题。

5）学习能力：由于通信技术快速发展，项目经理需要具备学习能力，不断更新知识和技能，以适应项目需求的变化。

1.2.3 项目团队建设

项目团队是本着共同的目标、为了保障项目的有效协调实施而建立起来的组织。为了更好地发挥项目团队的作用，做好项目团队建设，要做到以下几点：

1）确立共同目标。为团队成员确立明确的共同目标，让他们了解自己的工作如何影响整个项目的成功。这可以帮助团队成员更好地理解和完成自己的任务。

2）建立有效的沟通机制。建立有效的沟通机制，确保团队内部有良好的沟通渠道。定期举行项目会议，让每个成员都有机会分享他们的想法和反馈。同时，利用即时通信工具等手段，保持信息的及时传递和交流。

3）培训和发展团队成员。根据团队成员的技能和知识背景，提供适当的培训和发展机会。这可以提高团队的整体能力，并帮助每个成员更好地适应和完成自己的工作任务。

4）鼓励团队合作。强调团队合作的重要性，鼓励成员相互支持和协作。可以通过团队建设活动、社交聚会等方式增强团队凝聚力，建立积极向上的团队氛围。

5）制定明确的项目计划和里程碑。为每个项目制定明确的项目计划和里程碑，让团队成员了解项目的整体进度和阶段性目标。这可以帮助团队成员更好地了解他们的工作如何与整个项目相配合。

6）提供必要的资源和支持。为团队成员提供必要的资源和支持，包括人力、物力和财力。同时，为他们提供必要的技术和工具支持，帮助他们更好地完成工作任务。

7）建立公正的激励机制。建立公正的激励机制，对团队成员的工作表现进行及时的评价和反馈。对于表现出色的成员，给予适当的奖励和晋升机会，激励他们为项目做出更大的贡献。

8）强化风险管理。加强风险管理，制定应对可能出现的问题和风险的预案。及时识别和评估项目中可能出现的风险，采取适当的措施进行预防和应对。

9）保持良好的信息透明度。确保项目中的信息和数据对所有团队成员开放，让他们了解项目的整体情况和进展。这有助于增强团队成员的信任和合作意愿。

10）关注团队成员的成长和发展。关注团队成员的个人成长和发展，为他们提供个性化的职业发展建议。这可以帮助他们更好地实现个人和职业目标，同时为项目团队提供更稳定和持久的人才支持。

1.3 项目管理法律法规与标准规范基本知识

为了提升项目管理的规范性，国家出台了很多法律法规，也发布了诸多国家标准和行业标准。同时针对重点领域的一些重点要求，住房和城乡建设部、财政部、工业和信息化部等相关部委都出台了很多部门文件来规范工程项目的实施。

1.3.1 项目管理法律法规及规范标准

一些常见的、基础性的法律法规、规范标准及部门文件如下：

1. 法律法规

1）《中华人民共和国建筑法》。
2）《中华人民共和国安全生产法》。
3）《中华人民共和国招标投标法》。
4）《中华人民共和国民法典》。
5）《中华人民共和国价格法》。
6）《中华人民共和国环境保护法》。
7）《中华人民共和国环境影响评价法》。
8）《建设工程质量管理条例》（国务院令第279号）。
9）《建设工程安全生产管理条例》（国务院令第393号）。
10）《建设工程勘察设计管理条例》（国务院令第293号）。
11）《建设工程抗震管理条例》（国务院令第744号）。
12）《通信建设工程质量监督管理规定》（工信部令第47号）。
13）《安全生产许可证条例》（国务院令第397号）。
14）《生产安全事故报告和调查处理条例》（国务院令第493号）。
15）《通信建设工程安全生产管理规定》（工信部通信〔2015〕406号）。

2. 规范标准

1）GB 50026—2020《工程测量标准》。
2）GB 55017—2021《工程勘察通用规范》。
3）GB 55018—2021《工程测量通用规范》。
4）YD/T 5211—2014《通信工程设计文件编制规定》。
5）GB 50194—2014《建设工程施工现场供用电安全规范》。
6）YD 5201—2014《通信建设工程安全生产操作规范》。
7）YD 5221—2015《通信设施拆除安全暂行规定》。
8）GB/T 50319—2013《建设工程监理规范》。

9）YD 5086—2005《数字移动通信（TDMA）工程施工监理规范》。
10）YD 5124—2005《综合布线系统工程施工监理暂行规定》。
11）YD 5125—2014《通信设备安装工程施工监理规范》。
12）YD 5133—2015《移动通信钢塔桅工程施工监理规范》。
13）YD 5204—2014《通信建设工程施工安全监理暂行规定》。
14）YD 5205—2014《通信建设工程节能与环境保护监理暂行规定》。
15）YD 5219—2015《通信局（站）防雷与接地工程施工监理暂行规定》。
16）YD/T 5072—2017《通信管道工程施工监理规范》。
17）YD/T 5073—2021《电信专用房屋工程施工监理规范》。
18）YD/T 5123—2021《通信线路工程施工监理规范》。
19）YD/T 5126—2015《通信电源设备安装工程施工监理规范》。
20）YD/T 5229—2015《光纤到户（FTTH）工程施工监理规范》。
21）YD/T 5237—2017《互联网数据中心（IDC）工程施工监理规范》。
22）GB 50814—2013《电子工程环境保护设计规范》。
23）GB/T 51216—2017《移动通信基站工程节能技术标准》。
24）GB/T 51391—2019《通信工程建设环境保护技术标准》。
25）YD 5039—2009《通信工程建设环境保护技术暂行规定》。
26）YD/T 2196—2010《通信系统电磁防护安全管理总体要求》。
27）GB/T 6988.1—2008《电气技术用文件的编制 第1部分：规则》。
28）GB/T 50104—2010《建筑制图标准》。
29）YD/T 5015—2015《通信工程制图与图形符号规定》。
30）GB 50500—2013《建设工程工程量清单计价规范》。
31）YD 5192—2009《通信建设工程量清单计价规范》。
32）YDB 191—2017《信息通信建设企业服务能力要求》。

3. 相关部门文件

1）住房和城乡建设部、财政部《关于印发〈建筑安装工程费用项目组成〉的通知》（建标〔2013〕44号）。

2）工业和信息化部《关于印发信息通信建设工程预算定额、工程费用定额及工程概预算编制规程的通知》（工信部通信〔2016〕451号）。

3）财政部《关于印发〈基本建设项目建设成本管理规定〉的通知》（财建〔2016〕504号）。

4）国家发展改革委《关于进一步放开建设项目专业服务价格的通知》（发改价格〔2015〕299号）。

5）财政部、国家税务总局《关于全面推开营业税改征增值税试点的通知》（财税〔2016〕36号）。

6）财政部、应急部《关于印发〈企业安全生产费用提取和使用管理办法〉的通知》（财资〔2022〕136号）。

1.3.2 项目责任主体的法律关系

通信工程项目涉及多个责任主体，包括建设单位、设计单位、施工单位、监理单位、供应商和用户等。这些责任主体之间的法律关系主要包括合同关系和侵权关系。

合同关系：建设单位与设计单位、施工单位和监理单位之间通常会签订相应的合同，约定彼此的权利和义务。这些合同通常包括施工合同、监理合同、设备采购合同等。

侵权关系：在通信工程项目中，可能会出现各种侵权行为，如施工单位的施工不当导致他人的财产损失或人身伤害等。

我国合同关系和侵权关系的法律基础是《中华人民共和国民法典》。

1.3.3 项目纠纷的处理方式

在通信工程项目实施过程中，由于各种原因可能会出现纠纷。常见的纠纷包括合同纠纷、质量纠纷、安全纠纷等。为了有效解决这些纠纷，可以采取以下措施。

1. 和解

和解亦称协商解决，是指合同纠纷当事人在自愿友好的基础上，互相沟通、互相谅解，从而解决纠纷的一种方式。这种方式的特点具体如下。

1）简便易行，能经济、及时地解决纠纷。

2）纠纷的解决依靠当事人的妥协与让步，没有第三方的介入，有利于维护合同双方的友好合作关系，使合同能更好地得到履行。

3）和解协议不具有强制执行的效力，和解协议的执行依靠当事人的自觉履行。和解方式是最佳的合同争议解决方式，发生争议时，当事人应首先考虑通过和解解决争议。

2. 调解

调解，是指合同当事人对合同所约定的权利、义务发生争议，不能达成和解协议时，在经济合同管理机关或其他有关机关、团体等的主持下，通过对当事人进行说服教育，促使双方互相做出适当的让步，自愿达成协议，以求解决经济合同纠纷的方法。调解组织有三种：民间调解组织机构（仲裁委员会），人民法院，行政主管机关。

3. 仲裁

仲裁亦称"公断"，是当事人双方在争议发生前或争议发生后达成协议，自愿将争议交给第三方做出裁决，并负有自动履行义务的一种解决争议的方式。仲裁裁决的做出，标志着当事人之间的纠纷的最终解决。仲裁应该遵循的原则包括自愿原则、公平合理原则、仲裁独立原则、一裁终局原则。当事人双方如果约定采用仲裁方式解决争议，则不得进行诉讼。但如果当事人能够提出证据证明裁决有下列情形之一的，可向仲裁委员会所在地的中级人民法院申请撤销裁决：

1）没有仲裁协议的。

2）裁决的事项不属于仲裁协议的范围或者仲裁委员会无权仲裁的。

3）仲裁庭的组成或者仲裁的程序违反法定程序的。

4）裁决所根据的证据是伪造的。

5）对方当事人隐瞒了足以影响公正裁决的证据的。

6）仲裁员在仲裁该案时有索贿受贿、徇私舞弊、枉法裁决行为的。

人民法院经组成合议庭审查核实裁决有以上规定情形之一的，应当裁定撤销。当事人申请撤销裁决的，应当自收到裁决书之日起6个月内提出。人民法院应当在受理撤销裁决申请之日起2个月内做出撤销裁决或者驳回申请的裁定。

4. 诉讼

诉讼，是指合同当事人依法向人民法院提起，请求法院行使审判权，审理双方因合同发生的争议，并依法做出判决，以国家强制力保障当事人合法权益的实现，从而解决纠纷的司法活动。合同双方当事人如果未约定仲裁协议，则只能以诉讼作为解决争议的最终方式。当事人依法请求人民法院行使审判权，审理双方发生的经济争议，做出有国家强制力的裁决，保证实现其合法权益。

诉讼中的证据主要包括书证、物证、视听资料、证人证言、当事人的陈述、鉴定结论、勘验笔录等。因此，在施工过程中，有关各方都应该注意保存相关资料。另外，应关注诉讼时效问题。诉讼时效是指权利人在法定期限内未行使权利，将失去请求人民法院保护的权利。一旦超过诉讼时效期限，权利人的胜诉权在法律上将被认定为消灭。即便如此，如果权利人在超过诉讼时效后提起诉讼，并且符合《民事诉讼法》规定的起诉条件，法院仍应予以受理。然而，如果法院在受理后查明不存在中止、中断或延长诉讼时效的正当理由，将判决驳回其诉讼请求。

在实施通信工程项目时，需要了解并遵守相关法律与规范要求，合理处理和解决各种纠纷问题，以确保项目的顺利实施并实现预期目标。

本章小结

本章知识点见表 1-3。

表 1-3 本章知识点

序号	知识点	内容
1	工程项目	工程项目是指为达到预期的目标，投入一定量的资本，在一定的约束条件下，经过决策与实施的必要程序而形成固定资产的一次性事业
2	通信工程建设基本程序	包括立项阶段、实施阶段、验收投产阶段
3	通信工程项目的组织机构	包括职能型、项目型、矩阵型
4	项目经理	从职业角度，是指企业建立以项目经理责任制为核心，为对项目实行质量、安全、进度、成本管理的责任保证体系和全面提高项目管理水平而设立的重要管理岗位
5	项目纠纷的处理	和解、调解、仲裁、诉讼

习题

1. 简述通信工程项目的特点及分类。
2. 简述通信工程项目的建设程序。
3. 简述通信建设工程项目经理的素质能力要求。
4. 项目责任主体的法律关系有哪些？

第 2 章　通信工程制图与概预算

项目工程造价是指建设一项工程预期开支或实际开支的全部固定资产投资费用。概算指在初步设计阶段，按照概算定额、概算指标或预算定额编制的工程造价。预算指在施工图设计阶段按照预算定额编制的工程造价。因此，概预算在项目工程造价中非常重要，而编制概预算的基础是具备制图、识图能力。为此本章将介绍通信工程制图的基本知识，重点说明通信建设工程概预算的编制过程。

学习要点

- 通信工程制图。
- 通信工程概预算。

素养目标

- 学习通信工程制图的规定，能够识读通信工程图纸，为编制、识读通信工程概预算打下基础。
- 学习通信工程概预算的基本概念、文件组成和编制程序，具备通信工程概预算的编制和识读能力，为工程项目管理打下基础。

2.1　通信工程制图

通信工程图纸是工程设计所用的图样，是属于通信工程建设不可缺少的基本文件之一。专业人员通过阅读图纸了解工程规模、工程内容，统计出工程量（此过程称为识图），并编制出工程概算、预算，因此工程图纸被称为工程的技术语言。

2.1.1　通信工程制图的规定

1. 工程识图

工程图纸除遵循一般工程图的表达原则，按照国家颁布的制图标准进行绘制，又必须适应本专业的特点。通信工程图纸是利用图形符号、文字符号、文字说明及标有尺寸、方位及技术参数等施工所需细节的图示表达。要读懂图纸就必须了解和掌握图纸中各种图形符号、文字符号等所代表的含义。

2. 通信工程制图的要求

1）工程制图应根据表述对象的性质、论述的目的与内容，选取适宜的图纸及表达方式，完整地表述主题内容。

2）图面应布局合理，排列均匀，轮廓清晰且易于识别。

3）图纸中应选用合适的图线宽度，图中的线条不宜过粗或过细。

4）应正确使用国家标准和行业标准规定的图形符号。派生新的符号时，应符合国家标准符号的派生规律，并应在合适的地方加以说明。

5）在保证图面布局紧凑和使用方便的前提下，应选择合适的图纸幅面，使原图大小适中。

6）应准确地按规定标注各种必要的技术数据和注释，并按规定进行书写或打印。

7）工程图纸应按规定设置图签，并在规定的责任范围内由相应责任人签字确认。同时各种图纸应按规定顺序进行编号。

3. 通信工程制图的统一规定

（1）图幅尺寸

1）工程图纸幅面和画框大小应符合 GB/T 6988.1—2008《电气技术用文件的编制 第 1 部分：规则》的规定，应采用 A0、A1、A2、A3、A4 及 A3、A4 加长的图纸幅面。当上述幅面不能满足要求时，可按照 GB/T 14689—2008《技术制图图纸幅面和格式》的规定加大幅面。也可在不影响整体视图效果的情况下分割成若干张图绘制。

2）应根据表述对象的规模大小、复杂程度、所要表达的详细程度、有无图衔及注释的数量来选择较小的合适幅面。

（2）图线型式及应用

1）线型分类及用途应符合表 2-1 的规定。

表 2-1　线型分类及用途

图线名称	图线型式	一般用途
实线	———	基本线条：图纸主要内容用线，如可见轮廓线
虚线	- - - - - -	辅助线条：屏蔽线，如机械连接线、不可见轮廓线、计划扩展内容用线
点画线	— · — · —	图框线：表示分界线、结构图框线、功能图框线、分级图框线
双点画线	— · · — · · —	辅助图框线：表示更多的功能组合或从某种图框中区分不属于它的功能部件

2）图线宽度种类不宜过多，通常宜选用两种宽度的图线。粗线的宽度宜为细线宽度的两倍，主要图线采用粗线，次要图线采用细线。对复杂的图纸也可采用粗、中、细三种线宽，线的宽度按 2 的倍数依次递增。图线宽度应从以下系列中选用：0.25mm，0.35mm，0.5mm，0.7mm，1.0mm，1.4mm。

3）绘图时，应使图形的比例和所选线宽协调恰当，重点突出，主次分明。在同一张图纸上，按不同比例绘制的图样及同类图形的图线粗细应保持一致。

4）当需要区分新安装的设备时，宜用粗线表示新建，细线表示原有设施，虚线表示规划预留部分，原机架内扩容部分宜用粗线表达。

5）平行线之间的最小间距不宜小于粗线宽度的两倍，且不得小于 0.7mm。

（3）比例

1）对于平面布置图、管道及光（电）缆线路图、设备加固图及零件加工图等图纸，应按比例绘制；方案示意图、系统图、原理图等可不按比例绘制，但应按工作顺序、线路走向、信息流向排列。

2）对于平面布置图、线路图和区域规划性质的图纸，宜采用以下比例：1∶10，1∶20，1∶50，1∶100，1∶200，1∶500，1∶1000，1∶2000，1∶5000，1∶10000，1∶50000 等。

3）对于设备加固图及零部件加工图等图纸，宜采用的比例为：2∶1，1∶1，1∶2，1∶4，

1∶10等。

4）应根据图纸表达的内容深度和选用的图幅，选择合适的比例。对于通信线路及管道类的图纸，为了更方便地表达周围环境情况，沿线路方向按一种比例，而周围环境的横向距离宜采用另外的比例，或示意性绘制。

（4）尺寸标注

1）一个完整的尺寸标注应由尺寸数字、尺寸界线、尺寸线及其终端等组成。

2）图中的尺寸数字，应注写在尺寸线的上方或左侧，也可注写在尺寸线的中断处，但同一张图样上注法应一致。具体标注应符合以下要求：

① 尺寸数字应顺着尺寸线方向书写并符合视图方向，数字高度方向和尺寸线垂直，并不得被任何图线通过。当无法避免时，应将图线断开，在断开处填写数字。在不致引起误解时，对非水平方向的尺寸，其数字可水平地注写在尺寸线的中断处。角度的数字应注写成水平方向。

② 尺寸数字的单位除标高、总平面图和管线长度应以米（m）为单位外，其他尺寸均应以毫米（mm）为单位。按此原则标注尺寸可为不加单位的文字符号。若采用其他单位时，应在尺寸数字后加注计量单位的文字符号。

3）尺寸界线应用细实线绘制，且宜由图形的轮廓线、轴线或对称中心线引出，也可利用轮廓线、轴线或对称中心线作尺寸界线。尺寸界线应与尺寸线垂直。

4）尺寸线的终端，可采用箭头或斜线两种形式，但同一张图中只能采用一种尺寸线终端形式，不得混用。具体标注应符合以下要求：

① 采用箭头形式时，两端应画出尺寸箭头，指到尺寸界线上，表示尺寸的起止。尺寸箭头宜用实心箭头，箭头的大小应按可见轮廓线选定，且其大小在图中应保持一致。

② 采用斜线形式时，尺寸线与尺寸界线必须相互垂直。斜线应用细实线，且方向及长短应保持一致。斜线方向应采用以尺寸线为准，逆时针方向旋转45°，斜线长短约等于尺寸数字的高度。

5）有关建筑用尺寸标注，可按GB/T 50104—2010《建筑制图标准》的要求执行。

（5）字体及写法

1）图中书写的文字（包括汉字、字母、数字、代号等）均应字体工整、笔画清晰、排列整齐、间隔均匀。其书写位置应根据图面妥善安排，文字多时宜放在图的下面或右侧。文字书写应自左向右水平方向书写，标点符号占一个汉字的位置。中文书写时，应采用国家正式颁布的汉字，字体宜采用宋体或仿宋体。

2）图中的"技术要求""说明"或"注"等字样，应写在具体文字的左上方，且字号应比文字内容大一号。具体内容多于一项时，应按下列顺序号排列：

1、2、3……

（1）、（2）、（3）……

①、②、③……

3）图中所涉及数量的数字，均应用阿拉伯数字表示；计量单位应使用国家颁布的法定计量单位。

（6）图衔

1）通信工程图纸应有图衔，图衔的位置应在图面的右下角。

2）通信工程常用标准图衔为长方形，大小宜为30mm×180mm（高×长）。图衔应包括图名、图号、设计单位名称、单位主管、部门主管、总负责人、单项负责人、设计人、审校核人等内容。

3）设计图纸编号的编排应尽量简洁，应符合以下要求：
- 设计图纸编号的组成应按以下规则执行：

工程计划号 — 设计阶段代号 — 专业代号 — 图纸编号

同计划号、同设计阶段、同专业而多册出版时，为避免编号重复可按以下规则执行：

工程计划号 (A) — 设计阶段代号 — 专业代号 (B) — 图纸编号

- 工程计划号应由设计单位根据工程建设方的任务委托和工程设计管理办法统一给定。
- 设计阶段代号应符合表2-2的要求。

表 2-2　设计阶段代号

设计阶段	代号	设计阶段	代号	设计阶段	代号
可行性研究	Y	初步设计	C	技术设计	J
规划设计	G	方案设计	F	设计投标书	T
勘察报告	K	初设阶段的技术规范书	CJ	修改设计	在原代号后加 X
咨询	ZX	施工图设计一阶段设计	S		

- 常用专业代号应符合表2-3的要求。

表 2-3　常用专业代号

专业名称	代号	专业名称	代号
光缆线路	GL	电缆线路	DL
海底光缆	HGL	通信管道	GD
光传输设备	GS	移动通信	YD
无线接入	WJ	交换	JH
数据通信	SC	计费系统	JF
网管系统	WG	微波通信	WB
卫星通信	WD	铁塔	TT
同步网	TBW	信令网	XLW
通信电源	DY	电源监控	DJK

注：1. 用于大型工程中分省、分业务区编制时的区分标识，可采用数字1、2、3或拼音字母的字头等。
2. 用于区分同一单项工程中不同的设计分册（如不同的站册），宜采用数字（分册号）、站名拼音字头或相应汉字表示。
3. 工程计划号、设计阶段代号、专业代号相同的图纸间的区分号，应采用阿拉伯数字简单顺序编制（同一图号的系列图纸用括号内加分数表示）。

（7）注释、标志和技术数据

1）当含义不便于用图示方法表达时，可采用注释。当图中出现多个注释或大段说明性注释时，应把注释按顺序放在边框附近。注释可放在需要说明的对象附近；当注释不在需要说明的对象附近时，应使用指引线（细实线）指向说明对象。

2）标志和技术数据应该放在图形符号的旁边；当数据很少时，技术数据也可放在图形符号的方框内（如继电器的电阻值）；数据多时可采用分式表示，也可用表格形式列出。

当使用分式表示时，可采用以下形式：

$$N\frac{A-B}{C-D}F$$

其中，N 为设备编号，应靠前或靠上放；A、B、C、D 为不同的标注内容，可增减；F 为敷设方式，应靠后放。

当设计中需要表示本工程前后有变化时，可采用斜杠方式：（原有数）/（设计数）；当设计中需要表示本工程前后有增加时，可采用加号方式：（原有数）+（增加数）。

常用标注方式见表2-4，插图中的文字代号应以工程中的实际数据代替。

表2-4 常用标注方式

序号	标注方式	说明
1	（图：圆内分层标注 N／P／P_1/P_2 P_3/P_4）	对直接配线区的标注方式 注：图中的文字符号应以工程数据代替（下同） 其中： N——主干电缆编号，例如，0101表示01电缆上第一个直接配线区 P——主干电缆容量（初设为对数，施设为线序） P_1——现有局号用户数 P_2——现有专线用户数，当有不需要局号的专线用户时，再用+（对数）表示 P_3——设计局号用户数 P_4——设计专线用户数
2	（图：圆内分层标注 N／(n)／P／P_1/P_2 P_3/P_4）	对交接配线区的标注方式 其中： N——交接配线区编号，例如，J22001表示22局第一个交接配线区 n——交接箱容量，例如，2400（对） P、P_1、P_2、P_3、P_4 含义同上
3	（图：$m+n$，L，N_1 N_2）	对管道扩容的标注 其中： m——原有管孔数，可附加管孔材料符号 n——新增管孔数，可附加管孔材料符号 L——管道长度 N_1、N_2——人孔编号
4	（图：L／H^*P_n-d）	对市话电缆的标注 其中： L——电缆长度 H^*——电缆型号 P_n——电缆百对数 d——电缆芯线线径
5	（图：L，N_1 N_2）	对架空杆路的标注 其中： L——杆路长度 N_1、N_2——起止电杆的编号（可加注杆材类别的代号）

(续)

序号	标注方式	说明
6	$\overset{L}{\underset{N_1 \quad N_2}{H^*P_n\text{-}d}}$ $N\text{-}X$	对管道电缆的简化标注 其中： 　　　　　L——电缆长度 　　　　　H^*——电缆型号 　　　　　P_n——电缆百对数 　　　　　d——电缆芯线线径 　　　　　X——线序 　　斜向虚线——人孔的简化画法 　　N_1、N_2——表示起止人孔号 　　N——主杆电缆编号
7	$\dfrac{N\text{-}B}{C} \Big| \dfrac{d}{D}$	分线盒标注方式 其中： 　　N——编号 　　B——容量 　　C——线序 　　d——现有用户数 　　D——设计用户数
8	$\dfrac{N\text{-}B}{C} \Big\| \dfrac{d}{D}$	分线箱标注方式 注：字母含义同上
9	$\dfrac{WN\text{-}B}{C} \Big\| \dfrac{d}{D}$	壁龛式分线箱标注方式 注：字母含义同上

3）在通信工程设计中，由于文件名称和图纸编号多已明确，在项目代号和文字标注方面可适当简化，推荐如下：

- 平面布置图中可主要使用位置代号或顺序号加表格说明。
- 系统方框图中可使用图形符号或用方框加文字符号来表示，必要时也可二者兼用。
- 接线图应符合 GB/T 6988.1—2008《电气技术用文件的编制　第 1 部分：规则》的规定。

4）安装方式标注应符合表 2-5 的要求。

表 2-5　安装方式标注

序号	代号	安装方式
1	W	壁装式
2	C	吸顶式
3	R	嵌入式
4	DS	管吊式

5）敷设部位标注应符合表 2-6 的要求。

表 2-6　敷设部位标注

序号	代号	敷设部位
1	M	钢索敷设
2	AB	沿梁或跨梁敷设

(续)

序号	代号	敷设部位
3	AC	沿柱或跨柱敷设
4	WS	沿墙面敷设
5	CE	沿吊顶顶板面敷设
6	SC	吊顶内敷设
7	BC	暗敷设在梁内
8	CLC	暗敷设在柱内
9	BW	墙内埋设
10	F	地板或地板下敷设
11	CC	暗敷设在屋面或顶板内

2.1.2 计算机辅助制图软件

通信工程计算机辅助制图指遵循工程设计人员和工程管理人员在实际工作中的思路进行开发，能够提供切合实际的、高效的、便于使用和掌握的计算机辅助设计和绘图工具，且能够帮助设计人员在图纸中自动统计工程量，迅速生成相应的概算、预算及决算表，目前市场上的计算机辅助制图软件大多是以 CAD 为基础开发的多功能软件工具。

1. 计算机辅助制图软件功能

（1）杆路图

布放线杆，绘制各种拉线和杆面程式，还可以连绘电杆、吊线、拉线和电杆保护等。

（2）缆线图

布放各种电（光）缆；绘制常用套管、电缆附件、交接设施和分线设施、简化人孔；绘制成端电缆图、电缆占用管孔示意图；提供电缆处理工具；单元户线设计；电缆标注；绘制总配线架上列图、交接箱上列图。

（3）管道图

连绘人孔和管道；绘制人孔和手孔；绘制各种管道断面图；布放子管；绘制人孔展开图、管道高程图等。

（4）综合布线图

绘制综合布线总体结构图、配线（水平）子系统图、主干（垂直）子系统图、建筑群子系统图、光纤布线系统图、常用办公设备图、布线管理图、智能大楼单元布线图、智能布线系统图。

（5）设备图

绘制机房平面布置图、走线架、配线架、配线柜立面图、光交接箱面板、光终端盒端子分配图、线槽、桥架、终端盒展开图、传输系统图、电话系统图、电阻分布图、MDF 架端子板布置图、MDF 架示意图（开放式）、MDF 配线架展开图、MDF 单面架示意图、DDF 架端子占用示意图、交换设备板位图、光节点机房 ODB/ODF 成端图、数据 ODF 机架面板、ODF 插框面板端子占用情况图、设备面板图、开关电源面板、交流屏面板、直流配电屏面板及列头柜示意图、光分配箱占用情况图、网络拓扑图、设备后视图的端子占用图、设备后视图的插盘占用图、端子板或插盘端子占用情况图、设备法兰盘端子占用情况子图、光缆工程传输衰耗、纤芯分配图。

（6）常用建筑图

绘制局所、楼房等常用建筑物，以及地形图标、线形设施和区域地形等。

（7）表格

快速绘制常见表格，自定义表格，智能填写表格、修饰表格。常见表格有光缆配盘表、天馈线系统安装加固材料表、基站设备明细表、导线明细表、布线计划表、机房配线计划表、光通信布线计划表、配线规格及数量表、设备一览表等。

（8）标注

可以在绘制图的同时标注有关信息，也可以在绘完图后标注有关信息等。

2. 计算机辅助制图的优势

（1）操作方便

工程图纸在设计阶段，需要多次反复试画定稿，并随着建设过程对设计图进一步完善更正，以适应现场实际要求。在手工绘制阶段这些重复的操作过程费时费力，而利用计算机辅助制图可以在准确表达设计意图的同时，提高工作效率，降低劳动强度。

（2）虚拟现实

随着软件开发的不断深入，利用计算机模拟技术来创建真实场景的虚拟副本，可以有效地发挥虚拟现实技术的优势。通过这种技术，可以对工程建设过程进行可视化模拟，从而便于更好地进行项目管理和各种数据的测定或场景的仿真分析。

（3）延展性强

在项目建设管理阶段，利用计算机辅助制图技术可以整合技术、成本和安全管理等多个环节。此外，这项技术还能在时间和空间上实现不同项目之间的关联和比较。

2.1.3 图纸识读

此部分详见配套学习工作手册"任务1：识读基站设计图纸"。

2.2 通信工程概预算

通信工程建设概算、预算是设计文件的重要组成部分，它是根据各个不同设计阶段的深度和建设内容，按照设计图纸和说明以及相关专业的预算定额、费用定额、费用标准、器材价格、编制方法等有关资料，对通信工程建设预先计算和确定从筹建至竣工交付使用所需全部费用的文件。

2.2.1 通信工程概预算的基本概念

1. 通信工程建设概算、预算

通信工程建设概算、预算应按不同的设计阶段进行编制：

1）工程采用三阶段设计时，初步设计阶段编制设计概算，技术设计阶段编制修正概算，施工图设计阶段编制施工图预算。

2）工程采用二阶段设计时，初步设计阶段编制设计概算，施工图设计阶段编制施工图预算。

3）工程采用一阶段设计时，编制施工图预算，但施工图预算应反映全部费用内容，即除

通信工程概预算
的基本概念

工程费和工程建设其他费之外，还应计列预备费、建设期利息等费用。

2. 通信工程建设定额

目前，通信工程建设有预算定额、费用定额。由于现在还没有概算定额，在编制概算时，暂时用预算定额代替。

现行《信息通信建设工程预算定额》按专业分为《第一册　通信电源设备安装工程》《第二册　有线通信设备安装工程》《第三册　无线通信设备安装工程》《第四册　通信线路工程》和《第五册　通信管道工程》共五册，每册均由总说明、册说明、章节说明、定额项目表和附录构成。总说明不仅阐述定额的编制原则、指导思想、编制依据和适用范围，同时还说明编制定额时已经考虑的和没有考虑的各种因素以及有关规定和使用方法等。册说明阐述该册的内容，编制基础和使用该册应注意的问题及有关规定等。章节说明主要说明分部、分项工程的工作内容，工程量计算方法和本章节有关规定、计量单位、起讫范围，应扣除和应增加的部分等。定额项目表是预算定额的主要内容，项目表不仅给出了详细的工作内容，还列出了在此工作内容下的分部分项工程所需的人工、主要材料、机械台班、仪表台班的消耗量。

费用定额是指工程建设过程中各项费用的计取标准，主要包括费用构成及计算规则。通信工程建设项目总费用由各单项工程总费用构成，通信工程建设单项工程总费用具体内容如图2-1所示。具体定额内容可参见工业和信息化部《信息通信建设工程预算定额》《信息通信建设工程费用定额》《信息通信建设工程概预算编制规程》（工信部通信〔2016〕451号）。

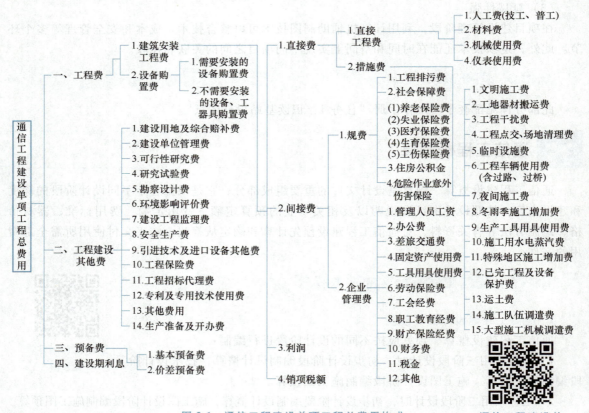

图2-1　通信工程建设单项工程总费用构成

通信工程建设单项工程总费用构成

2.2.2 通信工程概预算文件的组成

概算、预算文件由编制说明和概算、预算表格组成。

1. 编制说明

编制说明主要包括以下内容。

（1）工程概况

说明项目规模、用途、概（预）算总价值、生产能力、公用工程及项目外工程的主要情况等。

（2）编制依据

主要说明编制时所依据的技术、经济文件、各种定额、材料设备价格、地方政府的有关规定和主管部门未做统一规定的费用计算依据和说明。

（3）投资分析

主要说明各项投资的比例及与类似工程投资额的比较、投资额高低的原因分析、工程设计的经济合理性、技术的先进性及其适宜性等。

（4）其他需要说明的问题

如建设项目的特殊条件和特殊问题，需要上级主管部门和有关部门帮助解决的其他有关问题等。

2. 概算、预算表格

（1）概算、预算表格的组成

按照费用结构划分，概算、预算表格由建筑安装工程费用系列表格、设备购置费用表格（包括需要安装和不需要安装的设备）、工程建设其他费用表格以及概算、预算总表组成，各表格样式详见配套学习工作手册"任务2：初识信息通信建设工程概算、预算表格"。

（2）概算、预算表格填写说明

学习工作手册任务2中的全套表格用于编制工程项目概算或预算。各类表格的标题空白处应根据编制阶段明确填写"概"或"预"，表首填写具体工程的相关内容。表格中"增值税"栏目中的数值，均为建设方应支付的进项税额。在计算乙供主材时，表四中的"增值税"及"含税价"栏可不填写。

全套表格的编码规则和专业代码见表 2-7 和表 2-8。

表 2-7 表格编码规则

表格名称		表格编码规则
汇总表		专业代码-总
表一		专业代码-1
表二		专业代码-2
表三	（表三）甲	专业代码-3 甲
	（表三）乙	专业代码-3 乙
	（表三）丙	专业代码-3 丙
表四	（表四）甲	
	设备表	专业代码-4 甲 A
	材料表	专业代码-4 甲 B
	不需要安装设备、仪表工器具	专业代码-4 甲 C
	（表四）乙	
	设备表	专业代码-4 乙 A
	材料表	专业代码-4 乙 B
	不需要安装设备、仪表工器具	专业代码-4 乙 C
表五	（表五）甲	专业代码-5 甲
	（表五）乙	专业代码-5 乙

表 2-8　专业代码

专业名称	专业代码
通信电源设备安装工程	TSD
有线通信设备安装工程	TSY
无线通信设备安装工程	TSW
通信线路工程	TXL
通信管道工程	TG

1）汇总表填写说明。
- 本表用于编制建设项目总概算（预算）。建设项目的全部费用在本表中汇总。
- 第Ⅱ栏填写各工程对应的总表（表一）编号。
- 第Ⅲ栏填写各工程名称。
- 第Ⅳ~Ⅸ栏填写各工程概算或预算表（表一）中对应的费用合计，费用均为除税价。
- 第Ⅹ栏填写第Ⅳ~Ⅸ栏的各项费用之和。
- 第Ⅺ栏填写Ⅳ~Ⅸ栏各项费用建设方应支付的进项税之和。
- 第Ⅻ栏填写Ⅹ、Ⅺ栏之和。
- 第ⅩⅢ栏填写以上各列费用中以外币支付的合计。
- 第ⅩⅣ栏填写各工程项目需单列的"生产准备及开办费"金额。
- 当工程有回收金额时，应在费用项目总计下列出"其中回收费用"，其金额填入第Ⅷ栏。此费用不冲减总费用。

2）表一填写说明。
- 本表用于编制单项（单位）工程概算（预算）。
- 表首"建设项目名称"填写立项工程项目全称。
- 第Ⅱ栏填写本工程各类费用概算（预算）表格编号。
- 第Ⅲ栏填写本工程概算（预算）各类费用名称。
- 第Ⅳ~Ⅸ栏填写各类费用合计，费用均为除税价。
- 第Ⅹ栏填写第Ⅳ~Ⅸ栏的各项费用之和。
- 第Ⅺ栏填写Ⅳ~Ⅸ栏各项费用建设方应支付的进项税额之和。
- 第Ⅻ栏填写Ⅹ、Ⅺ栏之和。
- 第ⅩⅢ栏填写本工程引进技术和设备所支付的外币总额。
- 当工程有回收金额时，应在费用项目总计下列出"其中回收费用"，其金额填入第Ⅷ栏。此费用不冲减总费用。

3）表二填写说明。
- 本表用于编制建筑安装工程费。
- 第Ⅲ栏根据《信息通信建设工程费用定额》相关规定，填写第Ⅱ栏各项费用的计算依据和方法。
- 第Ⅳ栏填写第Ⅱ栏各项费用的计算结果。

4）表三填写说明。
①（表三）甲填写说明。
- 本表用于编制工程量，并计算总工日数。

- 第Ⅱ栏根据《信息通信建设工程预算定额》，填写所套用预算定额子目的编号。若需临时估列工作内容子目，在本栏中标注"估列"两字；"估列"条目达到两项，应编写"估列"序号。
- 第Ⅲ、Ⅳ栏根据《信息通信建设工程预算定额》分别填写所套定额子目的名称、单位。
- 第Ⅴ栏填写对应该子目的工程量数值。
- 第Ⅵ、Ⅶ栏填写所套定额子目的单位工日定额值。
- 第Ⅷ栏为第Ⅴ栏与第Ⅵ栏的乘积。
- 第Ⅸ栏为第Ⅴ栏与第Ⅶ栏的乘积。

②（表三）乙填表说明。
- 本表用于编制机械使用费。
- 第Ⅱ、Ⅲ、Ⅳ、Ⅴ栏分别填写所套用定额子目的编号、名称、单位，以及对应该子目的工程量数值。
- 第Ⅵ、Ⅶ栏分别填写定额子目所涉及的机械名称及机械台班的单位定额值。
- 第Ⅷ栏填写根据《信息通信建设工程费用定额》查找到的相应机械台班单价值。
- 第Ⅸ栏填写第Ⅶ栏与第Ⅴ栏的乘积。
- 第Ⅹ栏填写第Ⅷ栏与第Ⅸ栏的乘积。

③（表三）丙填写说明。
- 本表用于编制仪表使用费。
- 第Ⅱ、Ⅲ、Ⅳ、Ⅴ栏分别填写所套用定额子目的编号、名称、单位，以及对应该子目的工程量数值。
- 第Ⅵ、Ⅶ栏分别填写定额子目所涉及的仪表名称及仪表台班的单位定额值。
- 第Ⅷ栏填写根据《信息通信建设工程费用定额》查找到的相应仪表台班单价值。
- 第Ⅸ栏填写第Ⅶ栏与第Ⅴ栏的乘积。
- 第Ⅹ栏填写第Ⅷ栏与第Ⅸ栏的乘积。

5）表四填写说明。

①（表四）甲填表说明。
- 本表用于编制本工程的主要材料、设备和工器具费。
- 本表可根据需要拆分成主要材料表、需要安装的设备表和不需要安装的设备、仪表、工器具表。表格标题下面括号内根据需要填写"主要材料""需要安装的设备""不需要安装的设备、仪表、工器具"字样。
- 第Ⅱ、Ⅲ、Ⅳ、Ⅴ、Ⅵ栏分别填写名称、规格程式、单位、数量、单价。第Ⅵ栏为不含税单价。
- 第Ⅶ栏填写第Ⅵ栏与第Ⅴ栏的乘积。第Ⅷ、Ⅸ栏分别填写合计的增值税及含税价。
- 第Ⅹ栏填写需要说明的有关问题。
- 依次填写上述信息后，还需计取下列费用：

a. 小计。

b. 运杂费。

c. 运输保险费。

d. 采购及保管费。

e. 采购代理服务费。

f. 合计。
- 用于主要材料表时，应将主要材料分类后按上述费用计取后，进行总计。

②（表四）乙填表说明。
- 本表用于编制引进的主要材料、设备和工器具费。
- 本表可根据需要拆分成主要材料表，需要安装的设备表和不需要安装的设备、仪表、工器具表。表格标题下面括号内根据需要填写"主要材料""需要安装的设备""不需要安装的设备、仪表、工器具"字样。
- 第Ⅵ、Ⅶ、Ⅷ、Ⅸ、Ⅹ、Ⅺ栏分别填写对应的外币金额及折算人民币的金额，并按引进工程的有关规定填写相应费用。其他填写方法与（表四）甲基本相同。

6）表五填写说明。
①（表五）甲填写说明。
- 本表用于编制国内工程计列的工程建设其他费。
- 第Ⅲ栏根据《信息通信建设工程费用定额》相关费用的计算规则填写。
- 第Ⅷ栏填写需要补充说明的内容事项。

②（表五）乙填写说明：
- 本表用于编制引进设备工程所需计列的工程建设其他费。
- 第Ⅲ栏根据国家及主管部门的相关规定填写。
- 第Ⅳ、Ⅴ、Ⅵ、Ⅶ栏分别填写各项费用的外币与人民币数值。
- 第Ⅷ栏根据需要填写补充说明的内容事项。

2.2.3 通信工程概预算文件的编制程序

通信工程建设概算、预算采用实物法编制。实物法是首先根据工程设计图纸分别计算出分项工程量，然后套用相应的人工、材料、机械台班、仪表台班的定额用量，再以工程所在地或所处时段的实际单价计算出人工费、材料费、机械使用费和仪表使用费，进而计算出直接工程费；根据信息通信建设工程费用定额给出的各项取费的计费原则和计算方法，计算其他各项，最后汇总单项或单位工程总费用。

实物法编制工程概算、预算的步骤如图 2-2 所示。

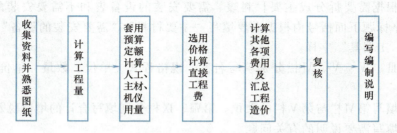

图 2-2 实物法编制工程概算、预算的步骤

1. 收集资料、熟悉图纸

在编制概算、预算前，针对工程具体情况和所编概算、预算内容收集有关资料，包括概算、预算定额、费用定额以及材料、设备价格等，并对施工图进行一次全面详细的检查，查看图纸是否完整，明确设计意图，检查各部分尺寸是否有误，以及有无施工说明。

2. 计算工程量

工程量计算是一项繁重而又十分细致的工作。工程量是编制概算、预算的基本数据，计算的准确与否直接影响到工程造价的准确度。计算工程量时要注意以下几点：

1) 首先要熟悉图纸的内容和相互关系，同时确保准确解读有关标注和说明。
2) 计算单位应与所要依据的定额单位一致。
3) 计算过程一般可依照施工图顺序由下而上、由内而外、由左而右依次进行。
4) 要防止误算、漏算和重复计算。
5) 最后将同类项加以合并，并编制工程量汇总表。

3. 套用定额，计算人工、材料、机械台班、仪表台班用量

工程量经核对无误方可套用定额。套用相应定额时，由工程量分别乘以各子目人工、主要材料、机械台班、仪表台班的消耗量，计算出各分项工程的人工、主要材料、机械台班、仪表台班的用量，然后汇总得出整个工程各类实物的消耗量。套用定额时应核对工程内容与定额内容是否一致，以防误套。

4. 选用价格计算直接工程费

用当时、当地或行业标准的实际单价乘以相应的人工、材料、机械台班、仪表台班的消耗量，计算出人工费、材料费、机械使用费、仪表使用费，并汇总得出直接工程费。

5. 计算其他各项费用及汇总工程造价

按照工程项目的费用构成和《信息通信建设工程费用定额》规定的费率及计费基础，分别计算各项费用，然后汇总出工程总造价，并以《信息通信建设工程概预算编制规程》所规定的表格形式，编制出全套概算或预算表格。

6. 复核

对上述表格内容进行一次全面检查，检查所列项目、工程量计算结果、套用定额、选用单价、取费标准以及计算数值等是否正确。

7. 编写编制说明

复核无误后，进行对比、分析，写出编制说明。凡是概算、预算表格不能反映的一些事项以及编制中必须说明的问题，都应用文字表达出来，以供审批单位审查。

在上述步骤中，3、4、5 是形成全套概算或预算表格的过程，根据单项工程费用的构成，各项费用与表格之间的嵌套关系如图 2-3 所示。

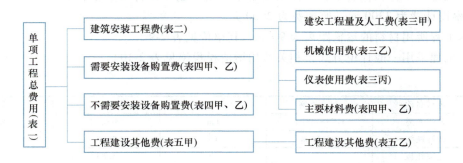

图 2-3　各项费用与表格之间的嵌套关系

根据图 2-3 的结构层次，在编制全套表格的过程中应按图 2-4 所示顺序进行。

图 2-4 概(预)算表格编制顺序

2.3 工程案例

2.3.1 已知条件

1）本工程为××公司光缆线路单项工程，现处于施工图设计阶段。

2）本工程位于广西地区，不属于特殊地区施工，施工企业注册地与施工现场相距750km，施工期间的水电蒸汽费用不计取。

3）已知条件给定的费用价格均为除税价。

4）本工程的工程其他费中，只计取安全生产费、勘察设计费、工程监理费，其他费用不计取。勘察设计费为3300元，监理费为2000元。

5）本工程所用材料的运输距离为90km，其单价见表2-9。

6）本工程采用一般计税方式，相关费用增值税税率见表2-10。

表 2-9 主材单价

序号	主材名称	型号规格	单位	单价（元）	分类
1	普通光缆	GYTS-48B1	km	2496.22	光缆
2	镀锌铁线	φ1.5mm	kg	3.96	其他
3	光缆托板		块	5.83	其他
4	塑料托板垫		块	0.97	塑料及塑料制品
5	聚乙烯波纹管	φ25mm	m	2.38	塑料及塑料制品
6	光缆标识牌	标识牌/铝合板	块	2.5	塑料及塑料制品
7	PVC胶带	宽度为15mm	卷	4.17	塑料及塑料制品

表 2-10 相关费用增值税税率

序号	费用名称	增值税税率(%)	备注
1	建筑安装工程费	9	一般计税方式
2	国内主要材料费	13	
3	勘察设计费	6	
4	工程监理费	6	
5	安全生产费	9	
6	预备费	13	

2.3.2 设计图纸及说明

1）××光缆线路工程路由及光缆施工图如图 2-5 所示。
2）原有管道穿放光缆，无需人孔抽水及敷设子管。
3）两处现有的光纤交接箱需要 GPS 定位。
4）敷设一条管道光缆 GYTS-48B1，每个人孔处预留 1m 光缆，光交处预留 5m 光缆。
5）管道光缆自然弯曲系数为 1%，施工前要进行单盘光缆测试。
6）中继段光缆测试按单窗口取定，并要求进行偏振模色散的测试。

2.3.3 统计工程量

通信线路工程一般按照施工工艺先后顺序进行工程量统计。本示例根据已知条件和图纸信息，按照施工测量、GPS 定位、单盘检验、敷设管道光缆、光缆成端接头和中继段光缆测试等步骤逐项进行统计，避免漏项或重复。

1. 施工测量

1）定额子目：TXL1-003 光缆工程施工测量 管道。
2）工程量：（808÷100）百米 = 8.08 百米。

2. GPS 定位

1）定额子目：TXL1-005。
2）工程量：2 点（已知条件）。

3. 单盘检验

1）定额子目：TXL1-006 单盘检验 光缆。
2）工程量：48 芯盘。

4. 敷设管道光缆

1）定额子目：TXL4-013 敷设管道光缆 48 芯以下。
2）工程量：[（808+808×1%+5×2+1×12）÷1000]千米条 = 0.837 千米条。

5. 光缆成端接头

1）定额子目：TXL6-005 光缆成端接头 束状。
2）工程量：48 芯×2 = 96 芯。

6. 中继段光缆测试

1）定额子目：TXL6-075 40km 以下中继段光缆测试 48 芯以下。
2）工程量：1 中继段。

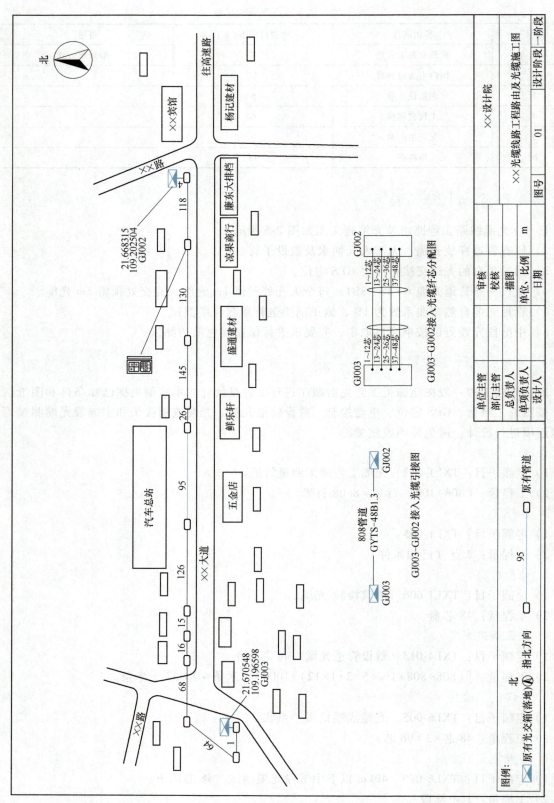

图 2-5 ××光缆线路工程路由及光缆施工图

工程量汇总情况见表 2-11。

表 2-11 工程量汇总情况

序号	定额编号	项目名称	单位	数量
1	TXL1-003	光缆工程施工测量 管道	百米	8.080
2	TXL1-005	GPS 定位	点	2.000
3	TXL1-006	单盘检验 光缆	芯盘	48.000
4	TXL4-013	敷设管道光缆 48 芯以下	千米条	0.837
5	TXL6-005	光缆成端接头 束状	芯	96.000
6	TXL6-075	40km 以下中继段光缆测试 48 芯以下	中继段	1.000

2.3.4 统计主要材料

根据已知条件、相关定额子目及工程量，主要材料用量见表 2-12。

表 2-12 主要材料用量

序号	名称	规格程式	单位	用量统计
1	普通光缆	GYTS-48B1	km	0.837×1.015＝0.85
2	镀锌铁线	ϕ1.5mm	kg	0.837×3.05＝2.55
3	光缆托板		块	0.837×48.5＝41
4	塑料托板垫		块	0.837×48.5＝41
5	聚乙烯波纹管	ϕ25mm	m	0.837×26.7＝22
6	光缆标识牌	标识牌/铝合板	块	12+2＝14
7	PVC 胶带	宽度为 15mm	卷	0.837×52＝44

2.3.5 施工图预算编制

1. 预算编制说明

（1）工程概述

本工程为××公司光缆线路单项工程。工程预算投资为 25563.37 元。

（2）编制依据及采用的取费标准和计算方法

1）预算编制依据。

① 施工图设计图纸及说明。

② 工信部通信〔2016〕451 号《信息通信建设工程概预算编制规程》。

③ 工信部通信〔2016〕451 号文颁布的《信息通信建设工程预算定额 第四册 通信线路工程》。

④ 工信部通信〔2016〕451 号文颁布的《信息通信建设工程费用定额》。

⑤ 设备、材料供货合同所列价格清单。

2）有关费率及费用的确定。

① 设备及主材运杂费费率按运输里程 90km 计算，见表 2-13。

表 2-13　设备、主材各项费率

序号	费用项目名称	塑料及塑料制品	主材光缆类费率	主材其他类费率
1	运杂费	4.3%	1.3%	3.6%
2	运输保险费	0.1%	0.1%	0.1%
3	采购及保险费	1.1%	1.1%	1.1%

② 施工用水电蒸汽费不计取。
③ 承建本工程的施工企业距施工现场 750km，计取施工队伍调遣费。
④ 设备采购代理服务费不计取。
⑤ 其他未说明的费用均按费用定额规定的取费原则、费率和计算方法进行取舍。
3）工程技术经济指标分析（略）。
4）其他需说明的问题（略）。

2. 预算表格

1）工程预算总表（表一）（表格编号：XL-1）。
2）建筑安装工程费用预算表（表二）（表格编号：XL-2）。
3）建筑安装工程量预算表（表三）甲（表格编号：XL-3）。
4）建筑安装工程仪表使用费预算表（表三）乙（表格编号：XL-4）。
5）建筑安装工程仪表使用费预算表（表三）丙（表格编号：XL-5）。
6）国内器材预算表（表四）甲（表格编号：XL-6）。
7）工程建设其他费预算表（表五）甲（表格编号：XL-7）。

以上表格详见配套学习工作手册"任务 3：识读××公司光缆线路单项工程预算表"。

本章小结

本章知识点见表 2-14。

表 2-14　本章知识点

序号	知识点	内容
1	工程图纸	通信工程图纸是工程设计所用的图样，是属于通信工程建设不可缺少的基本文件之一。专业人员通过阅读图纸了解工程规模、工程内容，统计出工程量(此过程称为识图)，并编制出工程概算、预算，因此工程图纸被称为工程的技术语言
2	通信工程概预算	通信工程建设概算、预算是设计文件的重要组成部分，它是根据各个不同设计阶段的深度和建设内容，按照设计图纸和说明以及相关专业的预算定额、费用定额、费用标准、器材价格、编制方法等有关资料，对通信工程建设预先计算和确定从筹建至竣工交付使用所需全部费用的文件

习题

1. 列举通信工程制图的要求。
2. 简述通信工程预算定额的构成。
3. 简述通信工程概预算文件的组成。
4. 简述通信工程概预算文件的编制程序。

第 3 章　通信工程招标投标管理

通信基础设施是满足公众日益增长的信息通信服务需求的重要基础，通信建设工程招标投标则能为通信基础设施建设的工程质量提供有力保障。自《招标投标法》和《招标投标法实施条例》实施以来，招标投标制在全国通信工程建设过程中得以广泛应用和推广，公平公正地评选出最优结果，通过优化市场资源配置以预防腐败，保障工程质量。2014 年工信部出台了《通信工程建设项目招标投标管理办法》，对通信领域贯彻实施《招标投标法》和《招标投标法实施条例》给予细化和完善，对指导通信建设领域招标投标活动、加强行业监管发挥了重要作用。

 学习要点

- 通信工程招标投标的基本概念。
- 通信工程招标投标的基本程序。
- 通信工程招标投标的常见问题。

 素养目标

- 学习通信工程招标投标的概念、基本程序和常见问题，培养学生的法治意识。
- 通过招标投标学习，增强学生对法治国家的自信与自豪感。

3.1　通信工程招标投标

当前，通信建设项目招标投标的实施对于规范通信行业工程建设市场秩序发挥了重要作用。对建设单位来说，实行工程招标投标规范了通信工程项目建设流程，节约了工程投资，并有效地控制了工期，使项目投资尽早地转为固定资产，形成了生产能力。对于中标单位来说，有利于其在成本、质量、进度方面加强管理，提高综合管理水平。

3.1.1　通信工程招标投标的基本概念

1. 招标投标的含义

招标投标，是国际上普遍应用的，在市场经济条件下进行的大宗货物的买卖、工程建设项目发包与承包，以及服务项目的采购与提供时，所采用的一种交易方式，也简称为招投标。招标和投标是一种商品交易的行为，是交易过程的两个方面。

（1）招标

招标是以招标公告或投标邀请书的方式邀请不特定或特定的潜在供应商投标的采购方式，是在货物、工程和服务的采购行为中，招标人通过事先公布的采购要求，吸引众多的投标人按照同等条件进行平等竞争，按照规定程序并组织技术、经济和法律等方面专家对众多的投标人

进行综合评审，从中择优选定项目的中标人的行为过程。其实质是以较低的价格获得最优性价比的货物、工程和服务。

（2）招标方式

招标方式分为公开招标和邀请招标。公开招标，是指招标人以招标公告的方式邀请不特定的法人或者其他组织投标。邀请招标，是指招标人以投标邀请书的方式邀请特定的法人或者其他组织投标。

（3）招标组织形式

招标组织形式分为委托招标和自行招标。委托招标是指招标人委托招标代理机构办理招标事宜；自行招标是指招标人依法自行办理招标事宜。招标人是否具备自行招标的能力，取决于招标人是否具有编制招标文件和组织评标的能力，是否具备与招标项目规模和复杂程度相适应的技术、经济等方面的专业人员。不具备自行招标能力的招标人应当委托招标代理机构办理招标事宜；具备自行招标能力的招标人可以自行招标，也可以将全部或者部分招标事宜委托招标代理机构办理。

（4）投标

投标是指投标人应招标人的邀请，根据招标公告或投标邀请书所规定的条件，在规定的期限内，向招标人递交投标文件参与竞争的行为。

（5）评标委员会

评标委员会是指在招标采购中，由招标人依法组建的负责按照招标文件规定的评标标准和方法对投标文件进行评审和比较的工作组。

（6）评标报告

评标报告是评标委员会根据全体评标委员会成员签字的原始评标记录和评标结果编写的、全面反映评标情况的书面报告。书面评标报告是招标人确定中标人的依据。

2. 通信工程建设项目的招标

（1）工程建设项目

工程建设项目，是指工程以及与工程建设有关的货物和服务。"工程"特指"建设工程"，包括建筑物和构筑物的新建、改建、扩建及其相关的装修、拆除、修缮等；所谓与工程建设有关的货物，是指构成工程不可分割的组成部分，且为实现工程基本功能所必需的设备、材料等；所谓与工程建设有关的服务，是指为完成工程所需的勘察、设计、监理等服务。

工程建设项目与通信工程建设项目

（2）通信工程建设项目

通信工程建设项目，是指通信工程以及与通信工程建设有关的货物和服务。其中，通信工程包括通信设施或者通信网络的新建、改建、扩建、拆除等；与通信工程建设有关的货物，是指构成通信工程不可分割的组成部分，且为实现通信工程基本功能所必需的设备、材料等；与通信工程建设有关的服务，是指为完成通信工程所需的勘察、设计、监理等服务。

（3）通信工程建设项目的招标要求

依法必须进行招标的通信工程建设项目的具体范围和规模标准，依据《必须招标的工程项目规定》（发展改革委〔2018〕第16号令）（以下简称16号令）、《必须招标的基础设施和公用事业项目范围　规定》（发改办法规〔2018〕843号）（以下简称843号文）、《通信工程建设项目招标投标管理办法》（工信部〔2014〕第27号令）（以下简称27号令）、《关于进一步做好〈必须招标的工程项目规定〉和〈必须招标的基础设施和公用事业项目范围规定〉实施工作的通知》（发改办法规〔2020〕770号）（以下简称770号文）的规定，通信施工、货物及服务等的采购达到下列标准之一的，必须招标：

1) 施工单项合同估算价在400万元人民币以上。
2) 重要设备、材料等货物的采购，单项合同估算价在200万元人民币以上。
3) 勘察、设计、监理等服务的采购，单项合同估算价在100万元人民币以上。

同一项目中可以合并进行的勘察、设计、施工、监理以及与工程建设有关的重要设备、材料等的采购，合同估算价合计达到前款规定标准的，必须招标。

需要说明的是：

勘察、设计、施工、监理以及与工程建设有关的重要设备、材料等的单项采购分别达到16号令第五条规定的相应单项合同价估算标准的，该单项采购必须招标；该项目中未达到前述相应标准的单项采购，不属于16号令规定的必须招标范畴。

必须进行招标的通信工程建设项目

没有法律、行政法规或者国务院规定依据的，对16号令第五条第一款第（三）项中没有明确列举规定的服务事项、843号文第二条中没有明确列举规定的项目，不得强制要求招标。即通信工程建设项目当中的服务目前仅包括勘察、设计、监理三类服务。

"同一项目中可以合并进行"，是指根据项目实际，以及行业标准或行业惯例，符合科学性、经济性、可操作性要求，同一项目中适宜放在一起进行采购的同类采购项目。针对通信工程建设项目，合并进行采购的方式称为"集中招标"，是27号令中规定的具有通信行业特点的一种招标方式。

如果发包人依法对工程以及与工程建设有关的货物、服务全部或者部分实行总承包发包，只要总承包中施工、货物、服务等各部分的估算价中有一项达到16号令第五条规定相应标准，即施工部分估算价达到400万元以上，或者货物部分达到200万元以上，或者服务部分达到100万元以上，则整个总承包发包应当招标。

（4）集中招标

通信工程建设项目已确定投资计划并落实资金来源的，招标人可以将多个同类通信工程建设项目集中进行招标。

通信工程建设项目具有地点分散、数量多、单项工程规模小、重复性强等特点，为了提高采购效率，降低采购成本，实践中招标人普遍采用集中招标采购的方式。除通信行业外，电力、石油、石化等行业也普遍采用集中招标实施采购。集中招标，顾名思义是将多个同类工程建设项目集中起来进行招标，当前通信行业主要有以下三种集中招标的形式。

集中招标

1）标段招标。招标人将集中招标项目划分为若干个标段（标包），其中涉及的工程建设项目可能已经立项，也可能没有立项。其特征是项目按标段划分，每标段的招标投标程序独立进行。通信行业一般将"标段招标"应用于工程施工、服务招标，有时也应用于货物招标。

2）份额招标。招标人预估集中招标涉及的所有项目的总体规模，并将其分为若干份额，但不划分标段（标包），要求投标人对整个集中招标项目进行投标（编制一份投标文件），招标人组织评标委员会对投标人的技术、商务、价格等进行评审，并列出各投标人的排名，根据事先确定的中标人数量，招标人将排名靠前的投标人确定为中标人。招标人原则上应当按照中标人的排名高低顺序依次确定从大到小的招标文件提前载明的份额。通信行业普遍将"份额招标"应用于货物招标。

3）混合招标。既有"标段招标"，也有"份额招标"。招标人将集中招标项目划分为若干个标段（标包），并预估每个标段所包含项目的规模，要求投标人分别对每个标段独立投标（分别编制投标文件，确定投标价格），招标人按标段组织评标委员会对投标人的技术、商务、价格等进行评审，并列出各标段投标人的排名，根据事先确定的每标段的中标人数量，招标人将每个标段排名靠前的投标人确定为中标人。即划分为不同标段，在每个标段中按份额招标的方式实施。通信行业一般将其应用于工程施工和服务招标。

招标人进行集中招标的，应当在招标文件中载明工程或者有关货物、服务的类型、预估招标规模、中标人数量及每个中标人对应的中标份额等；对与工程或者有关服务进行集中招标的，还应当载明每个中标人对应的实施地域。

需要特别说明的是，集中招标项目的"预估招标规模"，与实际规模客观上往往存在偏差，这也是集中招标与单项招标最本质的不同，招标人应当不断总结采购经验、提高管理水平，尽可能提高预估规模的精确度，避免预估规模与实际规模差距过大。同时由于集中招标要求招标人预估项目规模，年限跨度越大，预估的难度越大，预估规模的精确度也越低，因此，集中招标所涉及项目的时间跨度不宜过长，最好不超过一年。最后需要强调的是对工程及有关服务进行集中招标应当明确实施地域。"实施地域"是指施工或者工程服务实施的地理区域，其范围并不局限于某一特定的行政区域。"实施地域"可能是一个或者多个省（自治区、直辖市）、地级市（区）、县，甚至是乡镇。"实施地域"是一个具体的地理单元，需要招标人提前在招标文件中明确划分好，不能模棱两可，要防止"二次选择"情况的发生。另外还有一点需要特别注意，每个明确界定的"实施地域"内，只能有一个中标人。

（5）集中资格预审

招标人可以对多个同类通信工程建设项目的潜在投标人进行集中资格预审。所谓集中资格预审，是指将多个同类通信工程建设项目集中做一次资格预审。

由于通信工程建设项目招标，特别是工程及有关服务招标具有项目技术特点相似、重复性强、技术门槛低、潜在投标人多等特点，通过集中资格预审能够大幅降低成本、提高效率，招标人在工程及有关服务招标中普遍应用集中资格预审。

由于集中资格预审是一种特殊形式的资格预审，所以27号令对于集中资格预审公告和集中资格预审文件应当载明的内容进行了明确要求：招标人进行集中资格预审的，应当发布资格预审公告，明确集中资格预审的适用范围和有效期限，并且应当预估项目规模，合理设定资格、技术和商务条件，不得限制、排斥潜在投标人。其中，"适用范围"是指集中资格预审及其结果应用的项目范围；"有效期限"是指项目立项时间的跨度，一般最长不超过一年。

招标人进行集中资格预审，应当遵守国家有关勘察、设计、施工、监理等资质管理的规定。由于集中资格预审涉及多个通信工程建设项目，项目的规模不同，对投标人的资质等级要求也不同。因此，招标人进行集中资格预审前，应当预估涉及的项目情况，并进行分类梳理，对不同类型、不同规模的项目提出相适应的资质要求，避免出现设置的资质条件过低，导致通过资格预审的潜在投标人不具备承担部分项目的资格，或者设置的资质条件过高，导致部分资质等级低的企业因无法通过集中资格预审，失去参与小型项目投标的资格。

需要注意：集中资格预审后，通信工程建设项目的招标人应当继续完成招标程序，不得直接发包工程。集中资格预审属于资格预审的一种形式，不能代替招标过程，在集中资格预审后直接发包工程的，属于《招标投标法》第四条规定的规避招标，行政监督部门可以依据《招标投标法》第四十九条的规定进行处罚。

3. 评标方法

评标方法包括综合评估法、经评审的最低投标价法或者法律、行政法规允许的其他评标方法。通信工程建设项目主要采用综合评估法和经评审的最低投标价法。

(1) 综合评估法

综合评估法是综合衡量价格、商务、技术等各项因素对招标文件的满足程度，按照统一的标准（分值或者货币）量化进行比较的评标方法。采用综合评估法评标时，可以把以上各项因素折算为货币、分数或比例系数等，再做比较。能够最大限度地满足招标文件中规定的各项投标综合因素的投标被确定为最优投标，其投标人被推荐为中标候选人。

综合评估法综合考虑了各项投标因素，可以适用于所有招标项目。一般情况下，不宜采用经评审的最低投标价法的招标项目，尤其是除价格因素外技术、商务因素影响较大的招标项目，都可以采用综合评估法。

(2) 经评审的最低投标价法

经评审的最低投标价法是以价格为主导考量因素，对投标文件进行评价的一种评标方法。采用经评审的最低投标价法评标，即在满足招标文件实质性要求前提下，按照招标文件中规定的方法，对投标文件的价格做必要的调整，以便使所有的投标文件的价格因素按照统一的标准进行比较。经评审的最低投标价法一般适用于技术、性能、规格通用化、标准化，没有特殊性要求的招标项目。

通信网络的建设和运营是一个逐步演进的过程，需要持续不断地调测、优化、维护、升级换代，因此鼓励通信工程建设项目使用综合评估法进行评标。

3.1.2 通信工程招标投标的基本程序

招标是规范选择合同交易主体和标的，订立交易合同的法律程序。在招标过程中，招标投标各方通过竞争与评价的规范程序完成了合同主体、客体的选择和合同权利、义务、责任的约定，合同是招标投标活动的结果。合同的订立经过要约和承诺两个阶段，招标投标的过程是形成和订立合同的过程。招标人启动招标程序意味着向潜在投标人发出了要约，投标人在投标截止时间之前递交投标文件是投标人根据招标文件向招标人发出的要约，中标通知书是招标人对中标人做出的承诺。

1. 确定招标组织管理形式

招标人应根据采购项目的特点选择项目招标或者集中招标形式。如果采用集中招标的形式，招标人可将企业内部或者集团内部重复和分散的同类采购需求进行整合归并，形成具备一定规模优势的大宗、批量的同类采购。在具体实施时，招标人应事先依据能够产生集中采购规模效应的标准，结合生产经营情况制定并发布纳入集团或者企业各级采购部门集中采购的目录清单，目录清单有效期宜以年度为限，并随着企业生产经营需要和市场变化及时进行调整。

2. 确定招标邀请方式

公开招标和邀请招标是法律规定的两种招标邀请方式。从实际执行情况看，公开招标与邀请招标各有优势，不能一概而论，除依法应当公开招标的项目外，招标人可根据招标项目的实际情况自主选择一种招标方式。

对于国有资金占控股或者主导地位的依法必须进行招标的通信工程建设项目，应当公开招标；但有下列情形之一的，可以邀请招标。

1) 技术复杂、有特殊要求或者受自然环境限制，只有少量潜在投标人可供选择。
2) 采用公开招标方式的费用占项目合同金额的比例过大。

有1) 中所列情形，招标人邀请招标的，应当向其知道或者应当知道的全部潜在投标人发出投标邀请书。"知道"是指权利人主观上知道某一事实，"应当知道"则是一种法律的推定，是指基于客观情况以及一般民众、法人根据其知识经验应尽的注意义务,权利人应当知悉的事实,但因其自身过失而未知情,在该情形下,法律推定其知道该事实。

在2)中所指的"比例过大"是指采用公开招标方式的费用占项目合同金额的比例超过1.5%,且采用邀请招标方式的费用明显低于公开招标方式的费用的。需要注意,这两个条件要同时满足,缺一不可。

3. 可以不招标的情形

依据《招标投标法》第六十六条、《招标投标法实施条例》(以下简称《实施条例》)第九条和27号令第七条的规定,通信工程建设项目出现以下情形之一的,可以不招标。

1)涉及国家安全、国家秘密,不适宜进行招标的项目。
2)抢险救灾,不适宜进行招标的项目。
3)属于利用扶贫资金实行以工代赈、需要使用农民工等特殊情况,不适宜进行招标的项目。
4)需要采用不可替代的专利或者专有技术的项目。
5)采购人依法能够自行建设、生产或者提供的项目。
6)已通过招标方式选定的特许经营项目投资人依法能够自行建设、生产或者提供的项目。
7)需要向原中标人采购工程、货物或者服务,否则将影响施工或者功能配套要求的项目。
8)潜在投标人少于3个的项目。

如果招标人为了适用可以不招标的情形弄虚作假,属于规避招标,通信行政监督部门可依据《招标投标法》第四十九条对招标人及其他责任人员进行处罚。

4. 公开招标的程序

通信工程建设项目公开招标的程序如图3-1所示。

(1) 发布招标公告

公开招标的项目应当发布招标公告/资格预审公告。依法必须进行招标的通信工程建设项目的招标公告/资格预审公告,应按照《招标公告和公示信息发布管理办法》的规定,除在"中国招标投标公共服务平台"或者项目所在地省级电子招标投标公共服务平台发布外,还应当在工业和信息化部的"通信工程建设项目招标投标管理信息平台"(以下简称"管理平台")同时发布,且不同媒介发布的同一招标项目的资格预审公告或者招标公告的内容应当一致。

资格预审公告、招标公告或者投标邀请书应当载明下列内容:

1)招标人的名称和地址。
2)招标项目的性质、内容、规模、技术要求和资金来源。
3)招标项目的实施或者交货时间和地点要求。
4)获取招标文件或者资格预审文件的时间、地点和方法。
5)对招标文件或者资格预审文件收取的费用。
6)提交资格预审申请文件或者投标文件的地点和截止时间。

招标人对投标人的资格要求,应当在招标公告/资格预审公告或者投标邀请书中载明。

(2) 资格审查

资格审查方式分为资格预审和资格后审。资格预审是指招标人在发出投标邀请书或者发售招标文件之前,按照资格预审文件确定的资格条件、标准和方法对潜在投标人订立合同的资格和履行合同的能力等进行审查。其目的是筛选出满足招标项目所需资格、能力和有参与招标项

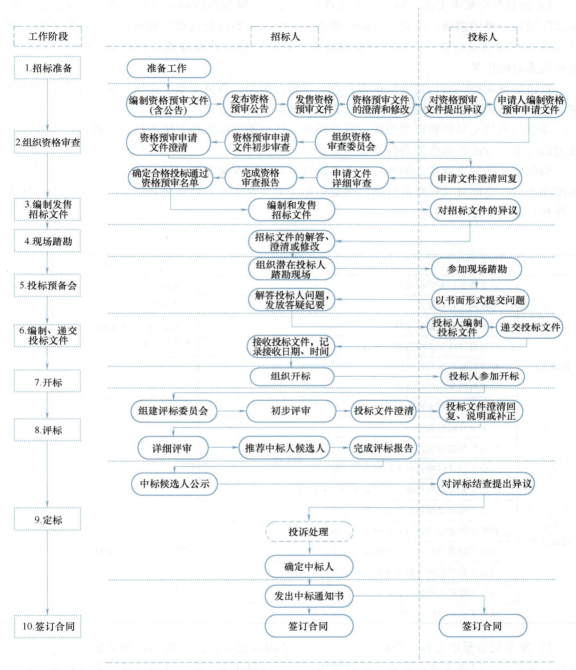

图 3-1 通信工程建设项目公开招标的程序

目投标意愿的潜在投标人,最大限度地调动投标人,挖掘潜能,提高竞争效果。对潜在投标人数量过多或者大型复杂等单一特征明显的项目,以及投标文件编制成本较高的项目,资格预审还可以有效降低招标投标的社会成本,提高评标效率。资格后审是指开标后由评标委员会按照招标文件规定的标准和方法对投标人进行的资格审查。

(3) 资格预审的程序

1）编制资格预审文件。资格预审文件作为指导资格预审活动全过程的纲领性文件，与招标文件同属于要约邀请，因此具有法律效力。其编制应当符合《招标投标法》《实施条例》和27号令等相关法规的要求，否则可能触发重新招标程序，甚至导致资格预审、招标、投标和中标均无效的后果。

资格预审文件一般包括资格预审公告、申请人须知、资格要求、业绩要求、资格审查标准和方法、资格预审结果的通知方式以及资格预审申请文件格式。

需要强调的是资格预审应当按照资格预审文件载明的标准和方法进行，资格预审文件没有规定的标准和方法不得作为资格预审的依据。

编制依法必须进行招标的通信工程建设项目资格预审文件和招标文件，应当使用国家发展和改革委员会会同有关行政监督部门制定的标准文本及工业和信息化部制定的范本。相关标准文件和行业范本见表 3-1。

表 3-1 标准文件和行业范本

	名称	状态
标准文件	标准施工招标资格预审文件	2007 年 11 月 56 号令颁布,2008 年 5 月 1 日施行
	标准施工招标文件	
	简明标准施工招标文件	2011 年 12 月 3018 号文颁布,2012 年 5 月 1 日施行
	标准设计施工总承包招标文件	
	标准设备采购招标文件	2017 年 9 月 1606 号文颁布,2018 年 1 月 1 日施行
	标准材料采购招标文件	
	标准勘察招标文件	
	标准设计招标文件	
	标准监理招标文件	
行业范本	通信工程建设项目施工资格预审文件范本	2016 年 12 月工信部 450 号文颁布,2017 年 3 月 1 日施行
	通信工程建设项目施工集中资格预审文件范本	
	通信工程建设项目货物资格预审文件范本	
	通信工程建设项目货物集中资格预审文件范本	
	通信工程建设项目施工招标文件范本	
	通信工程建设项目施工集中招标文件范本	
	通信工程建设项目货物招标文件范本	
	通信工程建设项目货物集中招标文件范本	

2）发布资格预审公告。资格预审公告的主要内容包括招标人的名称和地址、招标项目概况与招标范围、申请人资格要求、资格预审方法、资格预审文件的获取方式、资格预审申请文件的递交方式以及发布资格预审公告的所有媒介。

3）发售资格预审文件及澄清。资格预审文件的发售期不得少于 5 日，且发售资格预审文件收取的费用应当限于补偿印刷、邮寄的成本支出，不得以营利为目的。

对已发售的资格预审文件进行必要的澄清或者修改的，招标人应在递交资格预审申请文件截止时间至少 3 日前，采用书面形式通知所有获取资格预审文件的潜在投标人并要求其进行书面确认；逾期发出的，递交资格预审申请文件的截止时间应相应顺延。

潜在投标人或其他利害关系人对资格预审文件有异议的，应在资格预审申请文件递交截止时间 2 日前提出，招标人应当自收到异议之日起 3 日内对申请人的异议内容进行核实和答复，必要时修改资格预审文件并书面通知所有资格预审文件购买人，并相应顺延资格预审申请文件的递交截止时间。

4）接收申请人递交资格预审申请文件。招标人应当合理确定提交资格预审申请文件的时间。依法必须进行招标的通信工程建设项目，提交资格预审申请文件的时间，自资格预审文件停止发售之日起不得少于 5 日。

5）审查资格预审申请文件，编写资格审查报告。依法必须招标的通信工程建设项目，招标人应当组建资格审查委员会审查资格预审申请文件。资格审查委员会及其成员应当遵守《招标投标法》《实施条例》和 27 号令有关评标委员会及其成员的规定：资格审查委员会应当由招标人的代表和有关技术、经济等方面的专家组成，成员人数为 5 人以上单数，其中技术、经济等方面的专家不得少于成员总数的 2/3；技术和经济专家应当来自工业和信息化部行业专家库；专家产生的方式应当采取随机抽取方式，随机抽取无法满足特殊项目要求的可以由招标人直接确定。

资格预审应当按照资格预审文件规定的标准和方法进行，资格预审文件没有规定的标准和方法不得作为资格预审的依据。公开原则要求资格预审的标准和方法必须在资格预审文件中载明，以便申请人决定是否提出资格预审申请，并有针对性地准备申请文件。资格预审审查因素集中在申请人（制造商、代理商、联合体等）的投标资格条件（包括法定的和资格预审文件规定的资格条件）和履约能力两个方面，一般包括申请人的资格条件、组织机构、营业状态、财务状况、与制造商的代理合作关系（允许申请人为代理商时）、联合体的组成（允许联合体申请时）、关键技术指标满足情况和以往销售业绩、信誉以及生产资源和售后服务方面的能力等。

6）发出资格预审结果通知书，并向合格的申请人发出投标邀请书。资格预审结束后，招标人应当及时将资格预审结果书面通知资格预审申请人，告知其通过或未通过资格审查，并向通过的申请人发出投标邀请书，未通过资格预审的申请人不具有投标资格。通过资格预审的申请人少于 3 个的，资格预审失败，招标人应分析失败原因，调整资格预审文件有关内容后重新组织资格预审，或改用资格后审方式直接编制招标文件，并发布招标公告。

（4）编制招标文件

编制依法必须进行招标的通信工程建设项目招标文件，应当使用国家发展和改革委员会会同有关行政监督部门制定的标准文本及工业和信息化部制定的范本。

招标人进行集中招标的，应当在招标文件中载明工程或者有关货物、服务的类型、预估招标规模、中标人数量及每个中标人对应的中标份额等。如果采用标段招标形式，由于每个标段只有一个中标人，招标人需要在招标文件中明确标段数量及每个标段的规模（或预估规模），实际上就明确了中标人数量及每个中标人对应的中标份额（每个标段规模占项目总规模的比例）。如果采用份额招标形式，招标人需要在招标文件中明确中标人的数量以及每个中标人的中标份额。如果采用混合招标形式，招标人需要在招标文件中明确标段数量及每个标段的预估规模、每个标段中标人数量及每个中标人的份额，实际上就明确了整个集中招标项目的中标人数量及中标份额。

对与工程或者有关服务进行集中招标的，还应当载明每个中标人对应的实施地域。集中招标所涉及项目的时间跨度不宜过长，最好不超过一年。

（5）发售招标文件及文件澄清、修改

招标人应当在招标公告/投标邀请书载明的时间、地点发售招标文件。招标文件的发售期不得少于5日，且发售招标文件收取的费用应当限于补偿印刷、邮寄的成本支出，不得以营利为目的。目前通信工程建设项目大多数通过电子交易平台发售电子招标文件，所以文件的售价普遍不高，而且多标段项目往往成套发售招标文件，从而切实降低潜在投标人购买招标文件、参与投标的成本。

招标人对已经发售招标文件进行必要的澄清和修改，可能影响投标文件编制的，应当在投标截止时间至少15日以前通知所有获取者招标文件的潜在投标人，以确保潜在投标人有足够的时间根据澄清和修改内容相应调整投标文件。实践中可能影响招标文件编制的澄清或者修改的情形，包括但并不限于对拟采购工程、货物或服务所需的技术规格、质量要求、竣工、交货或提供服务的时间，投标担保的形式和金额要求，以及需执行的附带服务等内容的改变。这些改变将给潜在投标人带来大量额外工作，必须给予潜在投标人足够的时间以便编制完成并按期提交投标文件，因此要求招标人应在投标截止时间至少15日前，采用书面形式通知所有获取招标文件的潜在投标人并要求其进行书面确认；不足15日的，应相应顺延投标截止时间。

（6）组织踏勘项目现场和召开投标预备会

招标项目是否组织踏勘项目现场和召开投标预备会，需要根据项目的现场环境和技术的复杂程度确定。如果招标项目实施与现场环境密切关联，现场环境会对投标人制定投标方案、投标策略和投标报价产生影响，一般需要踏勘项目现场。

如果招标项目为一般招标项目，没有特殊要求，技术也不复杂，招标人一般不需要召开投标预备会；如果招标项目技术复杂，潜在投标人提出的澄清问题需要详细解释说明，招标文件中有与一般项目不同的特殊要求，采用投标预备会形式公开向投标人说明和解释招标文件要求、解答投标人的疑问，可以缩短澄清时间，保证招标进度，提高投标质量。

组织踏勘项目现场和召开投标预备会必须在发售招标文件截止之日后进行，并尽可能在招标文件规定的澄清截止时间之前完成，以便在书面澄清回复文件中统一解答潜在投标人在踏勘项目现场和召开投标预备会时提出的问题。同时需要注意的是招标人在组织踏勘项目现场和召开投标预备会前，应向全部购买招标文件或接收投标邀请书的潜在投标人发出邀请通知，而不能只组织部分潜在投标人。

组织踏勘项目现场和召开投标预备会应当注意潜在投标人信息的保密，不签到、不点名、不允许潜在投标人交换名片、相互询问信息，防止投标人信息泄露以及投标人相互沟通、串通投标；同时招标人应以书面形式统一解答潜在投标人的所有澄清问题，并作为招标文件的组成部分提供给所有购买招标文件或接收投标邀请书的潜在投标人。

（7）接收投标文件

投标人应当在招标文件规定的提交投标文件的截止时间前，将投标文件送达投标地点。通信工程建设项目划分标段的，投标人应当在投标文件上标明相应的标段。对于纸质投标文件，可以由投标人代表在投标截止时间之前将投标文件递交至招标文件规定的投标地点，也可以通过邮寄的方式递交投标文件。送达应由收取投标文件的人在投标文件上进行签收，签收日期为送达日期。因此，投标人采用邮件方式的，投标人应充分预估邮寄时间，并充分考虑到在邮寄过程中可能出现的各种特殊情况，确保在投标截止时间之前招标人签收投标文件。对于通过电子招标投标系统提交的投标文件，投标人需要在投标截止时间之前通过招标人指定的电子招标投标系统递交投标文件,并可以补充、修改或者撤回投标文件。投标截止时间前未完成投标文件上传的,视为撤回投标文件。

未通过资格预审的申请人提交的投标文件,以及逾期送达或者不按照招标文件要求密封的投标文件,招标人应当拒收。申请人未通过资格预审的,不具备投标资格,没有必要也不应该再让其编制、提交投标文件。投标文件逾期送达,无论是投标人自身原因导致的,还是不可抗力等客观原因导致的,招标人都应当拒收。密封投标文件的主要目的是防止泄露投标文件信息而导致串通投标,保护招标投标双方合法权益不受侵害。招标文件应详细载明有关投标文件的密封要求,并尽量简化,不宜过多过繁过严,招标人也可以在递交现场准备少量档案袋、胶带、剪刀等密封文件所需的办公用品,以便减少因投标文件密封不符合要求而造成的拒收,甚至导致投标人不足 3 个的风险。接收纸质投标文件时的密封性检查如图 3-2 所示。

投标保证金是投标人按照招标文件规定的形式和金额向招标人递交的,约束投标人履行其投标义务的担保,保证其在提交投标文件截止时间后不撤销其投标,并按照招标文件和其投标文件签订合同。

图 3-2　接收纸质投标文件——密封性检查

招标人在招标文件中要求投标人提交投标保证金的,投标保证金不得超过招标项目估算价的 2%,同时施工项目、货物项目的投标保证金不超过 80 万元,设计项目的投标保证金不超过 10 万元。如果项目划分标段,上述的限额按照每个标段各自的估算价分别计算。投标保证金有效期应当与投标有效期一致。需注意投标保证金作为担保,不得挪用。

投标保证金的具体形式,通常为中标人出具的银行汇票、支票、银行转账,以及由银行或第三方担保机构出具的投标担保函以及保险。招标人应当给投标人留有选择投标保证金形式的余地,不能借此排斥投标人。依法必须进行招标的项目,境内投标单位以现金或者支票形式提交的投标保证金,应当从其基本账户转出。

投保保证金

招标人收到投标文件后,不得开启,并应当如实记载投标文件的送达时间和密封情况,存档备查。投标文件送达后,为了防止泄露投标人的投标信息,招标人不得开启投标文件。投标文件送达的时间和密封情况的如实记载,是在开标时各方代表对于投标文件密封情况的检验过程中出现不同意见时进行处理的重要证据之一,是判断投标文件在哪个环节存在泄密的可能性和是否按时送达招标文件中规定地点的依据,也是行政监督部门处理开标环节投标人投诉的依据。因此,招标人应当委派专职人员如实记载投标文件的送达时间和密封情况并存档备查。接收纸质投标文件后的保存如图 3-3 所示。

图 3-3　接收纸质投标文件——保存

(8) 撤回投标文件

投标截止时间是投标（要约）生效的时间，也是投标有效期开始起算的时间。潜在投标人是否做出要约，完全取决于自己的意愿。因此在投标截止时间前，投标人可撤回其投标，但须以书面形式向招标人提交撤回通知书。招标人需检查撤回通知书的真实性及有效性，确认无误后接收其撤回通知书。投标保证金约束的是投标人的投标义务，在投标截止时间后生效。投标人撤回投标文件后，招标人应当自收到投标人撤回通知书之日起 5 日内退还其投标保证金。

(9) 撤销投标文件

投标截止后，投标有效期开始计算。投标人不得在投标有效期内撤销其投标，否则将削弱投标的竞争性。投标人撤销其投标给招标人造成损失的，将承担缔约过失责任。如果招标文件要求投标人递交投标保证金的，投标人在投标有效期内撤销投标，招标人可以不退还投标保证金。

(10) 开标

开标，体现了招标投标活动的公开原则。开标要如实公布和记录开标过程以及投标文件的唱标内容，以加强招标人和投标人之间，以及投标人与投标人相互之间的监督。通信工程建设项目投标人少于 3 个的，不得开标，招标人在分析招标失败的原因并采取相应措施后，应当依法重新招标。划分标段的通信工程建设项目某一标段的投标人少于 3 个的，该标段不得开标，招标人在分析招标失败的原因并采取相应措施后，应当依法对该标段重新招标。

开标应当在招标文件规定的提交投标文件截止时间的同一时间公开进行。开标现场可能出现对投标文件提交、投标截止时间、开标程序、投标文件密封检查和开封、唱标内容、标底价格的合理性、开标记录、唱标次序等的争议。这些争议和问题如不及时解决，将影响招标投标的有效性以及后续评标工作，事后纠正存在困难甚至无法纠正。因此，对于开标中的问题，投标人认为不符合有关规定的，应当在开标现场提出异议。异议成立的，招标人应当及时采取纠正措施，或者提交评标委员会评审确认；异议不成立的，招标人应当场给予解释说明。对于通信工程建设项目，投标人认为存在低于成本价投标情形的，可以在开标现场提出异议，并在评标完成前向招标人提交书面材料。该书面材料包括但不限于成本价格确认原则、成本价计算原则、计算过程和依据、社会平均成本、行业平均成本等。招标人应当及时将上述书面材料转交评标委员会。开标现场如图 3-4 所示。

开标记录应记载开标时间和地点、投标人名称、投标价格等唱标内容、开标过程是否经

图 3-4　开标现场

过公证以及投标人提出的异议。除此以外，开标记录一般还记载密封检查情况、招标人编制的标底（如有）以及其他开标过程中需要说明的问题。开标各方代表签字是对开标过程和开标内容的确认，是开标过程中的重要记录，应当由投标人代表、唱标人、记录人和监督人签字。

因不可抗力或者其他特殊原因需要变更开标地点的，招标人应提前通知所有潜在投标人，确保其有足够的时间到达开标地点。

（11）评标

1）评标的目的。评标的目的在于从技术、经济、组织和管理等多方面分析投标文件，推荐合适的中标候选人，为确定中标人提供基础。评标是一项重要且复杂的综合性工作，关系到招标过程中是否体现公平竞争的原则，招标结果能否使招标人的利益最大化。因此招标人不仅要制定科学合理的评标标准，还必须依法组建评标委员会来负责评标，以保证评标结果的科学性、公正性。

2）评标委员会的组成。评标委员会应当由招标人代表和评标专家组成。依法必须进行招标的项目，其评标委员会由招标人代表和有关技术、经济等方面的专家组成，成员人数为 5 人以上单数，其中技术、经济等方面的专家不得少于成员总数的 2/3。

评标委员会的组成

通信工程建设项目评标委员会的专家成员需要满足以下 5 个条件：

① 组成评标委员会的专家应当是从相关领域工作满 8 年并具有高级职称或者具有同等专业水平的人员。掌握通信新技术的特殊人才经工作单位推荐，可以视为具备本项规定的条件。

② 评标专家需熟悉招标投标法律法规，保证评标工作依法合规开展，有效保护评标专家本人的合法权益。

③ 由于评标工作量往往比较大，评标专家拥有良好的身体状况才能保证评标工作顺利进行。

④ 评标专家应能认真、公正、诚实、廉洁地履行评标职责。

⑤ 未因违法、违纪被取消评标资格或者未因其他与招标投标有关的活动中的违法行为受到过行政处罚或刑事处罚。

为适应通信技术的迅速发展，适应不断涌现的新专业领域的项目评审的需要，特别规定部分专家可以用"掌握通信新技术的特殊人才"身份经工作单位推荐进入专家库，具体来说是指从事通信新技术相关工作满 3 年、具有硕士及以上学历、工作单位认可并推荐。

工业和信息化部统一组建和管理通信工程建设项目评标专家库，各省、自治区、直辖市通信管理局负责本行政区域内评标专家的监督管理工作，通信行政监督部门可以对抽取过程进行远程监督或者现场监督。

依法必须进行招标的通信工程建设项目，评标委员会的专家应当从"管理平台"上的"通信工程建设项目评标专家库"内相关专业的专家名单中采取随机抽取方式确定；个别技术复杂、专业性强或者国家有特殊要求，采取随机抽取方式确定的专家难以保证胜任评标工作的招标项目，可以由招标人从"管理平台"上的"通信工程建设项目评标专家库"内相关专业的专家名单中直接确定。采用随机抽取方式组建评标委员会时，为了遏制组建评委会时违规挑选专家的情形，管理平台推出自动语音通知方式，确保评委会组建的合法性并提高组建效率。

3）回避制度。回避制度的主要目的是保证评标专家独立、客观公正地履行评标职责。与投标人有利害关系的评标委员会成员应当回避。有下列情形之一的，不得担任资格审查委员会和评标委员会成员：

① 投标人主要负责人的近亲属。

② 项目主管部门或通信行政监督部门的人员。

③ 与投标人有经济利益关系，可能影响公正评审。

评标专家有前款规定情形之一的，应当主动提出回避；未提出回避的，招标人和通信行政监督部门发现后，应当立即停止其参加资格审查或评标。

4）评标过程与要求。评标委员会成员应当按照招标文件规定的评标标准和方法，客观、公正地对投标文件提出评审意见，并对所提出的评审意见负责。招标文件没有规定的评标标准和方法不得作为评标的依据。具体评标现场如图3-5所示。

为了保证评标的客观公正，评标委员会成员不得从事下列行为：一是不得私下接触投标人；二是不得收受投标人给予的财物或者其他好处；三是不得向招标人征询确定中标人的意向；四是不得接受任何单位或者个人明示或者暗示提出的倾向或者排斥特定投标人的要求；五是评标委员会不得暗示或者诱导投标人做出澄清、说明，不得接受投标人主动提出的澄清、说明；六是评标委员会成员不得透露对投标文件的评审和比较、中标候选人的推荐情况以及与评标有关的其他情况。

评标完成后，评标委员会应当根据《招标投标法》和《实施条例》和27号令的有关规定向招标人提交评标报告和中标候选人名单，中标候选人需标明排序。评标报告应当由评标委员会全体成员签字。对评标结果有不同意见的评标委员会成员

图3-5 评标现场

应当以书面形式说明其不同意见和理由并纳入评标报告。评标委员会成员拒绝在评标报告上签字又不书面说明其不同意见和理由的，视为同意评标结果。评标委员会分组的，应当形成统一、完整的评标报告。

招标人进行集中招标的，评标委员会应当推荐不少于招标文件载明的中标人数量的中标候选人。

针对集中招标的三种不同形式，推荐中标候选人也分为三种形式：

① 标段招标：评标完成后，评标委员会为每个标段推荐1～3名中标候选人。招标文件会载明允许投标人中标的最多标段数，招标文件也可以要求投标人在投标文件中通过"中标意向书"来事先声明中标的标段次序。因此评标委员会在推荐中标候选人时，按照事先载明的顺序（标段顺序）结合投标人的"中标意向书"（如有）的次序，再结合限中的标段数量，来推荐各标段的中标候选人。

② 份额招标：评标完成后，评标委员会根据招标文件的要求推荐中标候选人，其数量要大于或等于中标人数量。

③ 混合招标：评标完成后，评标委员会根据招标文件的要求，结合每个投标人限中的标段数以及投标人的"中标意向书"（如有）为每个标段推荐中标候选人，其数量要大于或等于每个标段的中标人数量。

5）评标报告的内容。通信工程建设项目的评标报告应当包括下列内容：基本情况；开标记录和投标一览表；评标方法、评标标准或者评标因素一览表；评标专家评分原始记录表和否决投标的情况说明；经评审的价格或者评分比较一览表和投标人排序；推荐的中标候选人名单及其排序；签订合同前要处理的事宜；澄清、说明、补正事项纪要；评标委员会成员名单及本人签字，拒绝在评标报告上签字的评标委员会成员名单及其陈述的不同意见和理由。

（12）公示中标候选人

依法必须进行招标的通信工程建设项目的招标人应当自收到评标报告之日起3日内公示中标候选人，公示期不得少于3日。公示的媒介与发布招标公告/资格预审公告相同，除在"中

国招标投标公共服务平台"或者项目所在地省级电子招标投标公共服务平台发布之外，还应当在工业和信息化部的"管理平台"上同时发布，且不同媒介发布的内容应当一致。需要注意的是，全部中标候选人均应当进行公示。如因异议、投诉等改变了中标候选人名单或者排名次序，应当依法重新公示中标候选人。

依法必须招标的通信工程建设项目的中标候选人公示应当载明以下内容：

1）中标候选人排序、名称、投标报价、质量、工期（交货期），以及评标情况。

2）中标候选人按照招标文件要求承诺的项目负责人姓名及其相关证书名称和编号（如有）。

3）中标候选人响应招标文件要求的资格能力条件。

4）提出异议的渠道和方式。

5）招标文件规定公示的其他内容。

投标人或者其他利害关系人对依法必须进行招标的项目的评标结果有异议的，应当在中标候选人公示期间提出。招标人应当自收到异议之日起3日内做出答复；做出答复前，应当暂停招标投标活动。

针对异议，以下两点需要注意：

一是在中标候选人公示期间有关评标结果的异议成立的，招标人应当组织原评标委员会对有关问题予以纠正。如果无法组织原评标委员会予以纠正或者评标委员会无法自行予以纠正的，招标人应当报告行政监督部门，由有关部门依法做出处理，等问题纠正后再公示中标候选人。

二是招标人对投标人和其他利害关系人提出的异议做出答复后，投标人和其他利害关系人对招标人的异议答复不满，应当根据《实施条例》第六十条规定在规定期限内向有关行政监督部门投诉，而不是就同样的问题再次提出异议。

（13）确定中标人

依法必须招标的通信工程建设项目，招标人应当确定排名第一的中标候选人为中标人。招标人进行集中招标的，应当依次确定排名靠前的中标候选人为中标人，且中标人数量及每个中标人对应的中标份额等应当与招标文件载明的内容一致。

确定中标人

1）采取标段招标的形式，招标人应当确定每个标段排名第一的中标候选人为中标人。

2）采取份额招标的形式，招标人应当依次确定排名靠前的中标候选人为中标人，并且排名靠前的中标人中较大的份额。

3）采取混合招标的形式，招标人应当依次确定每个标段排名靠前的中标候选人为中标人。

招标人应在确定中标人之后向中标人发出中标通知书，向所有未中标的投标人发出中标结果通知。

集中招标项目要求招标人与中标人订立的合同中应当明确中标价格、预估合同份额等主要条款，实际上是对招标人履行合同做出约束，对中标人进行一定的保护。招标人一方面应当采取措施尽量提高预估值的准确度，另一方面考虑实际规模与预估值相差达到一定比例时采取相应的补救措施，例如在符合一定条件下，合同延期执行一段时间，尽量保障框架协议执行完毕，并将该规则在招标文件中进行明确说明。

若排名第一的中标候选人放弃中标、因不可抗力不能履行合同（主要指无法签订合同）、不按照招标文件要求提交履约保证金，或者被查实存在影响中标结果的违法行为等情形，不符合中标条件的，招标人可以按照评标委员会提出的中标候选人名单排序依次确定其他中标候选人为中标人，也可以重新招标。

针对集中招标项目，中标人出现前述四种情形之一不能履行合同的，招标人可以按照评标委员会提出的中标候选人名单排序依次确定其他中标候选人为中标人，也可以对中标人的中标份额进行调整，但应当提前在招标文件中载明调整规则，如果没有中标候选人可以递补，招标文件中也未载明中标份额调整的规则，则该份额招标失败，该份额重新采购。

（14）签订中标合同

招标人和中标人应当在中标通知书发出之日起 30 日内签订书面合同，合同的标的、价款、质量、履行期限等主要条款应当与招标文件和中标人的投标文件的内容一致。针对集中招标项目，合同（框架协议）应当明确中标价格、预估合同份额等主要条款。同时招标人和中标人不得再行订立背离合同实质性内容的其他协议。招标人不得向中标人提出压低报价、增加工作量、增加配件、增加售后服务量、缩短工期或其他违背中标人的投标文件实质性内容的要求。合同签订后，招标工作即告结束，合同双方应严格按照签订的合同执行。

招标文件要求中标人提交履约保证金的，中标人应当提交，履约保证金不得超过中标合同金额的 10%。拒绝提交履约保证金的，将丧失中标资格。履约保证金的形式通常为中标人出具的银行汇票、支票、银行转账，以及由银行或第三方担保机构出具的履约担保函以及保险。招标人应当给中标人留有选择履约保证金形式的余地，不能借此限制、排斥投标人。

招标人最迟应当在书面合同签订后 5 日内向中标人和未中标的投标人退还投标保证金及银行同期存款利息。

（15）提交"通信工程建设项目招标投标情况报告表"

依法必须进行招标的通信工程建设项目的招标人应当自确定中标人之日起 15 日内，通过"管理平台"向通信行政监督部门提交"通信工程建设项目招标投标情况报告表"。

工业和信息化部和各省、自治区、直辖市通信管理局（以下统称为"通信行政监督部门"）依法对通信工程建设项目招标投标活动实施监督。工业和信息化部和各省、自治区、直辖市通信管理局的管理职责主要如下。

1）工业和信息化部的职责。

① 负责组织、指导、监督通信行业贯彻执行国家有关招标投标的法律、法规、规章和政策。

② 依照国家有关法律、法规制定通信工程建设项目招标投标管理相关规章和规范性文件。

③ 对通信工程建设项目招标投标活动及当事人实施监督，查处招标投标活动中的违法行为；依法处理投标人和其他利害关系人的投诉。

④ 负责组建、维护、管理通信工程建设项目评标专家库，对通信工程建设项目评标专家进行管理、监督。

⑤ 负责接收基础电信企业集团公司自行招标备案、集中招标实施情况报告，接收基础电信企业集团公司或者其委托的招标代理机构报送的招标投标情况报告等。

⑥ 法律法规规定的其他职责。

2）各地通信管理局的职责。

① 贯彻执行国家有关招标投标的法律、法规、规章和政策。

② 依照国家和行业有关法律、法规、规章制定本地区通信工程建设项目招标投标管理相关文件。

③ 对本行政区域内通信建设项目招标投标活动及当事人实施监督，查处本行政区域内招标投标活动中的违法行为；依法处理本行政区域内招标投标活动中投标人和其他利害关系人的投诉。

④ 对本行政区域内的通信工程建设项目评标专家进行管理、监督。

⑤ 负责接收各省、自治区、直辖市基础电信企业自行招标备案、集中招标实施情况报告；负责接收各省、自治区、直辖市基础电信企业或者其委托的招标代理机构报送的招标投标情况报告。

⑥ 法律法规规定的其他职责。

3.2 通信工程招标投标案例

本节以一个典型工程实际案例来呈现通信工程招标投标的全流程。

3.2.1 项目概况

某通信运营企业甲省通信工程施工集中招标项目，招标人为甲省分公司，招标代理机构为乙公司。

招标范围包括省内骨干传送网线路工程和城域传送网线路工程的新建、改建、扩建、拆除等工程施工服务，预估规模为 15000 万元，项目资金由招标人自筹，资金已经落实。项目已具备招标条件，拟进行公开招标，通过招标人自己的电子交易平台发布招标公告。项目采用标段招标方式，项目划分为五个标段，限中一个标段，要求投标人提交中标意向书，各标段的预估规模见表 3-2。

表 3-2 标段划分

标段	预估规模（万元）	实施地域
标段一	5000.00	上东市
标段二	4000.00	上南市
标段三	3000.00	上西市
标段四	2000.00	上北市
标段五	1000.00	上中市

采用包工部分包料方式，按设计工作量包施工费，工程有变更时进行调整。报价采用通信行业"451 定额"折扣方式报价，最高投标限价为 100%。项目执行期预估为 2023 年 6 月 1 日—2024 年 5 月 31 日。

采用资格后审方式，对投标人的资格要求如下：

1) 投标人应为在中华人民共和国境内依法成立的独立法人或非法人组织，且为增值税一般纳税人。

2) 单位负责人为同一人或者存在控股、管理关系的不同单位，不得同时参加同一标段投标。

3) 投标人不得存在下列情形之一：

被责令停业或进入破产程序的；被某通信运营企业集团公司或相关行政监督部门或被所投标段省份暂停或取消投标资格的；财产被接管、冻结且影响项目履约的；在最近三年内（自开标之日起向前推算）有被相关行政监督部门判定并发布骗取中标的；投标产品在某通信运营企业集团公司或其他电信运营商现网使用过程中出现过重大质量问题，至今尚未妥善解决的。

4）本项目要求投标人满足以下人员要求：

① 企业主要负责人安全生产考核合格证书（A证）1个（通信主管部门核发）。

② 项目负责人安全生产考核合格证书（B证）1个（通信主管部门核发）。

③ 专职安全生产管理人员安全生产考核合格证书（C证）1个（通信主管部门核发）。

5）投标人需提供到投标截止时间止有效的通信工程施工总承包一级资质（住建行政管理部门核发）（由于目前住房和城乡建设部正在进行资质改革换证过渡阶段，新甲级资质与原一级资质同等认可，新乙级资质与原二、三级资质同等认可）。

6）投标人须具备2021年1月1日—2023年3月31日（以发票开具时间为准）的通信工程线路施工业绩（仅限中华人民共和国境内）不得低于500万元人民币（以发票金额为准）。

项目要求每标段提交10万元的投标保证金。

项目不接受联合体投标。

采用电子招标投标系统进行招标，2023年4月1日18：00—2023年4月6日18：00通过招标人的电子交易平台发售电子招标文件。按照标段发售招标文件，文件售价1000元/标段。

投标文件截止时间是2023年4月24日上午10：00。要求投标人通过招标人的电子交易平台递交投标文件，不接受纸质投标文件的递交［投标保函、法定代表人授权书除外（如有）］。

3.2.2 文件发售情况

2023年4月1日—4月6日，共有A、B、C、D等15家潜在投标人通过招标人的电子交易平台购买了招标文件，所有潜在投标人均购买了5个标段的招标文件，共发售招标文件75份。招标代理机构发售文件收入7.5万元。

3.2.3 开标

2023年4月24日上午10：00招标人准时通过电子交易平台进行开标。在投标截止时间前共有A、B、C、D等13家投标人递交投标文件。各标段投标人信息汇总见表3-3。

表3-3 投标人信息汇总

标段名称	投标人
标段一（上东市）	A、B、C、D、E、F、G、H、I、J、K、L、M
标段二（上南市）	A、B、C、D、E、F、G、H、I、J、K、L
标段三（上西市）	A、B、C、D、E、F、G、H、I、J、L、M
标段四（上北市）	A、B、C、D、E、F、G、H、I、J、K
标段五（上中市）	A、B、C、D、E、F、G、H、I、J

在开标时，投标人M在标段三的投标文件解密异常，无法打开。投标人J在开标时通过系统提出异议，其在系统上填写的报价错误，现在填写为"48%%"，应当是"48%"。最终通过电子交易平台投标人确认的开标结果见表3-4~表3-8。

说明：由于M的文件解密异常，按照电子招标系统的规则，认为M是撤销招标，所以表3-6中无M的报价。

表 3-4　标段一开标记录

投标人名称	折扣系数	税率
A	50%	9%
B	48%	9%
C	51%	9%
D	45%	9%
E	47%	9%
F	46%	9%
G	50%	9%
H	44%	9%
I	47%	9%
J	48%%	9%
K	45%	9%
L	46%	9%
M	52%	9%

表 3-5　标段二开标记录

投标人名称	折扣系数	税率
A	50%	9%
B	48%	9%
C	51%	9%
D	45%	9%
E	47%	9%
F	46%	9%
G	50%	9%
H	44%	9%
I	47%	9%
J	48%%	9%
K	45%	9%
L	46%	9%

表 3-6　标段三开标记录

投标人名称	折扣系数	税率
A	50%	9%
B	48%	9%
C	51%	9%
D	45%	9%
E	47%	9%
F	46%	9%
G	50%	9%
H	44%	9%
I	47%	9%
J	48%%	9%
L	46%	9%

表 3-7　标段四开标记录

投标人名称	折扣系数	税率
A	50%	9%
B	48%	9%
C	51%	9%
D	45%	9%
E	47%	9%
F	46%	9%
G	50%	9%
H	44%	9%
I	47%	9%
J	48%%	9%
K	45%	9%

表 3-8　标段五开标记录

投标人名称	折扣系数	税率	投标人名称	折扣系数	税率
A	50%	9%	F	46%	9%
B	48%	9%	G	50%	9%
C	51%	9%	H	44%	9%
D	45%	9%	I	47%	9%
E	47%	9%	J	48%%	9%

3.2.4　评标

2023 年 4 月 23 日上午 9：00，代理机构乙公司在工信部 "管理平台" 上采用人工通知方式组建评标委员会。评标委员会由 5 人组成,其中招标人代表 1 人,招标代理机构代表 1 人,招标代理机构的子库中随机抽取线路施工专业专家 2 人,造价专家 1 人。

1. 评审标准

详细评审的标准由商务、技术、后评估及价格四个部分组成,其中综合实力为 10 分(表 3-9)、技术为 40 分(表 3-10)、后评估为 20 分、价格为 30 分。

表 3-9　综合实力评分标准

评审指标		分值
财务实力	营业收入	2
	销售净利润	2
	收入增长率	2
	资产负债率	2
社会责任	ISO 14001 认证	1
	2022 年 1 月—12 月慈善公益事业支出	1

表 3-10　技术评分标准

评审指标		分值
企业施工能力	类似工程经验	8
	标段涉及常驻机构情况	2
	人员配置满足工程情况	6
施工组织设计	对项目的认识和分析	4
	资源配置情况	5
	施工进度计划	5
	材料设备管理	5
	质量和安全管理措施	2
	安全生产应急预案	2
	投标文件编制质量	1

后评估为 20 分,后评估得分=后评估成绩×20%。由招标人直接提供后评估成绩,后评估成绩由例行评估和综合奖惩两部分组成,施工服务厂商的例行后评估成绩由各单位后评估成绩(60%)和全国后评估成绩(40%)组成。未使用过厂商后评估得分选取"通过初步审查供应商的评估结果平均值的 90%"与最低分之间的高者。

价格为 30 分。价格评审的内容主要是根据投标人的有效投标报价(评标价)进行评分,评标价为修正后的投标折扣系数(不含税)。投标报价为折扣系数,折扣系数不能大于 100%。以平均有效评标价 X 作为评标基准价,评标价等于 100% 评标基准价(含)至 80% 评标基准价(含)得满分 100 分;评标价每高于 100% 评标基准价数值 1 个折扣点减 1 分;每低于 80% 评标基准价数值 1 个折扣点减 0.5 分;不足 1 个折扣点的部分按线性内插法进行计算,扣完为止。

2. 初步评审

2023 年 4 月 25 日—4 月 26 日,评标委员会对各标段接收的投标文件进行评审。首先是初步评审,包含形式审查、资格审查和响应性审查。

初步评审的结果如下：

投标人 M 公司未提供"投标人经营状况承诺书"，不满足招标文件第二章"投标人须知前附表"中的"3.1 投标文件组成"实质性条款要求，经评标委员会一致认定 M 公司（标段一）初步评审不合格，否决其投标。

投标人 B 公司提供的"法定代表人授权委托书"非本项目的授权委托书，不满足招标文件第三章"评标办法形式评审标准"，经评标委员会一致认定 B 公司（标段一、标段二、标段三、标段四、标段五）初步评审不合格，否决其投标。

评标委员会通过电子交易平台和人工核查方式对投标人围标串标进行分析：

标段一：投标人 K 公司递交投标文件的 MAC 地址与投标人 L 公司递交投标文件的 MAC 地址相同。

标段二：投标人 K 公司递交投标文件的 MAC 地址与投标人 L 公司递交投标文件的 MAC 地址相同。

经评标委员会一致认定：按照招标文件规定，投标文件 MAC 相同，视为串通投标，否决投标人 K 公司（标段一、标段二、标段四）和 L 公司（标段一、标段二、标段三）。

3. 详细评审

初步评审合格的投标文件可以进入详细评审。在评审过程中，评标委员会发现投标人 J 公司在开标记录中的报价为"48％％"，认为属于明显的文字错误，经评标委员会一致认定：投标人 J 公司的报价应为"48%"，并以"48%"进行价格评审。

最终详细评审的综合得分及排名见表 3-11~表 3-15。

表 3-11　标段一综合得分及排名

投标人名称	综合得分	排名
A	96.00	1
C	95.80	2
D	94.60	3
E	92.58	4
F	91.45	5
G	90.50	6
H	89.00	7
I	88.70	8
J	85.60	9

表 3-12　标段二综合得分及排名

投标人名称	综合得分	排名
A	96.00	1
C	95.80	2
D	94.60	3
E	92.58	4
F	91.45	5
G	90.50	6
H	89.00	7
I	88.70	8
J	85.60	9

表 3-13　标段三综合得分及排名

投标人名称	综合得分	排名
A	96.00	1
C	95.80	2
D	94.60	3
E	92.58	4
F	91.45	5
G	90.50	6
H	89.00	7
I	88.70	8
J	85.60	9

表 3-14　标段四综合得分及排名

投标人名称	综合得分	排名
A	96.00	1
C	95.80	2
D	94.60	3
E	92.58	4
F	91.45	5
G	90.50	6
H	89.00	7
I	88.70	8
J	85.60	9

表 3-15　标段五综合得分及排名

投标人名称	综合得分	排名	投标人名称	综合得分	排名
A	96.00	1	G	90.50	6
C	95.80	2	H	89.00	7
D	94.60	3	I	88.70	8
E	92.58	4	J	85.60	9
F	91.45	5			

4. 中标候选人推荐

招标文件规定的中标候选人推荐原则是：评标委员会按照综合排名情况推荐中标候选人。综合评分相等时，投标报价低的优先；投标报价也相等的，技术得分较高的优先。

投标人 A 公司的中标意向顺序为：标段二、标段一、标段三、标段四、标段五。
投标人 C 公司的中标意向顺序为：标段一、标段二、标段三、标段四、标段五。
投标人 D 公司的中标意向顺序为：标段三、标段一、标段二、标段四、标段五。
投标人 E 公司的中标意向顺序为：标段一、标段二、标段三、标段四、标段五。
投标人 F 公司的中标意向顺序为：标段二、标段三、标段一、标段四、标段五。
投标人 G 公司的中标意向顺序为：标段一、标段三、标段二、标段四、标段五。
投标人 H 公司的中标意向顺序为：标段一、标段二、标段四、标段三、标段五。
投标人 I 公司的中标意向顺序为：标段一、标段二、标段三、标段四、标段五。
投标人 J 公司的中标意向顺序为：标段一、标段三、标段四、标段五、标段二。

由于项目限中一个标段，因此评标委员会推荐的中标候选人如下：

标段一：

第一中标候选人：C 公司。
第二中标候选人：D 公司。
第三中标候选人：E 公司。

标段二：

第一中标候选人：A 公司。
第二中标候选人：C 公司。
第三中标候选人：D 公司。

标段三：

第一中标候选人：D 公司。
第二中标候选人：E 公司。
第三中标候选人：F 公司。

标段四：

第一中标候选人：E 公司。
第二中标候选人：F 公司。
第三中标候选人：G 公司。

标段五：

第一中标候选人：F 公司。
第二中标候选人：G 公司。

第三中标候选人：H 公司。

3.2.5 公示中标候选人及相应异议处理

2023 年 4 月 27 日上午 10：00，在招标人的电子交易平台上公示了五个标段的第一中标候选人，公示期为 2023 年 4 月 27 日—4 月 30 日。

在中标候选人公示期间，4 月 28 日投标人 K 公司针对否决投标提出异议，称其在标段四提交的投标文件不应当被否决。4 月 30 日，招标人回复 K 公司：由于标段一和标段二中投标人 K 递交投标文件的 MAC 地址与投标人 L 递交投标文件的 MAC 地址相同。经评标委员会一致认定：按照招标文件规定，投标文件 MAC 相同，以视为串通投标否决投标人 K 公司（标段一、标段二、标段四）和 L 公司（标段一、标段二、标段三），并没收相应标段的投标保证金。

投标人 K 公司对招标人的答复不满，5 月 8 日向甲省信息通信管理局提起投诉。甲省信息通信管理局受理投诉后，针对 K 公司、L 公司是否属于串通投标进行了相应的调查、取证，证实：

1）标段一和标段二中投标人 K 递交投标文件的 MAC 地址与投标人 L 递交投标文件的 MAC 地址相同。

2）标段四中投标人 K 公司递交投标文件，投标人 L 公司未递交投标文件。

3）标段三中投标人 L 公司递交投标文件，投标人 K 公司未递交投标文件。

4）招标文件明确规定"递交投标文件的 MAC 地址相同，将以视为串通投标否决投标"。

因此在标段一、标段二中以"视为串通投标"否决投标人 K 公司和 L 公司的投标无误，相应标段保证金不予退还，并对投标人 K 公司和 L 公司做出相应行政处罚；在标段四中投标人 K 公司提交投标文件的 MAC 地址与投标人 L 公司不相同，不符合"视为串通投标"的认定条件，因此责令招标人改正。

3.2.6 案例分析

本案例是一个施工集中招标项目，采用标段招标方式，划分为五个标段，每个投标人限中一个标段。下面分析案例涉及的具体内容。

1. 招标环节

（1）公告发布

作为一个依法必须招标的通信工程建设项目，招标公告的发布媒介有法定的要求：除在"中国招标投标公共服务平台"或者项目所在地省级电子招标投标公共服务平台发布外，还应当在工业和信息化部的"管理平台"同时发布。本案例仅在招标人的电子交易平台上发布招标公告，不符合相关的法定要求。

（2）文件售价

招标文件的售价限于印刷、邮寄的成本，不应当以营利为目的。本案例采用电子招投标系统进行招标，项目划分为五个标段，按照标段来发售文件，文件售价 1000 元/标段。对于投标人而言，购买全部五个标段的招标文件花费是 5000 元，招标代理机构发售文件所得为 75000 元，远超印刷、邮寄的成本。因此对于多标段的项目，采用电子招投标系统进行招标时，发售电子招标文件，建议合理设定文件售价，可以整套发售招标文件，也可以按照标段发售招标文件，同时设置一个合理的封顶价格。

2. 开标环节

对于采用电子招投标系统进行招标的项目，可能会出现投标人通过系统填报的价格与其上传的价格文件不一致的情形，例如案例中的投标人 J 公司，系统填报的价格为"48%%"，上传的价格文件为"48%"。开标过程中如果出现了这类情形，需要在开标记录中明确记录下来，并由评标委员会依照招标文件的规定进行澄清，明确价格。

3. 评标环节

（1）评标委员会组建

依法必须招标的通信工程建设项目的评标委员会，需要到"管理平台"随机抽取评标专家组建评标委员会，其中技术、经济方面的专家不得少于 2/3。本案例评委会 5 人中仅有线路专家 2 人，造价专家 1 人，未满足法定的比例要求。

（2）否决投标

在初步评审中评委会否决了投标人 M 公司、投标人 B 公司和投标人 K 公司和 L 公司。其中投标人 K 公司和 L 公司由于标段一和标段二中上传投标文件的 MAC 地址相同，被以"视为串通投标"在所参与投标的所有标段被否决投标，招标人更进一步不予退还投标人 K 公司和 L 公司所递交的全部标段的投标保证金。这个评审结论后续引起了异议，并进一步导致了投诉。

需要强调的一点是："视为串通投标"采用将具有不同客观外在表现的现象等同视之的立法技术，是一种法律上的拟制。因此"视为"的结论并非不可推翻、不可纠正。在评标过程中，评标委员会可以视情况给予投标人澄清、说明的机会；在评标结束后，投标人可以通过投诉寻求行政救济，由行政监督部门做出认定。

为了避免出现本案例中的争议，招标文件可以明确规定：当投标人在部分标段出现视为串通投标情形的，在该标段以视为串通投标否决投标并不予退还该标段投标保证金；其他标段否决投标，退还投标保证金。

（3）推荐中标候选人

本案例要求投标人提供中标意向书，但是在中标候选人推荐原则中仅明确：评标委员会按照综合排名情况推荐中标候选人。综合评分相等时，以投标报价低的优先；投标报价也相等的，以技术得分较高的优先。

从评委会推荐的中标候选人名单来看，评委会依据投标人的中标意向书顺序来推荐的中标候选人。所以投标人 A 公司虽然在标段一至标段五都排名第一，但是其在标段二被推荐为排名第一的中标候选人（A 的第一中标意向是标段二）。严格来说，评委会没有按照招标文件规定的中标候选人推荐原则推荐中标候选人。不过从招标文件要求投标人提供中标意向书来看，应该是招标文件的"中标候选人推荐原则"的内容未结合项目实际进行修改，导致出现了要求投标人提供中标意向书，在评审规则又不使用中标意向书的矛盾结果。因此本案例应当修改"中标候选人推荐原则"的内容，明确按照标段顺序并结合投标人的中标意向推荐中标候选人。

4. 公示中标候选人

2023 年 4 月 27 日，在招标人的电子交易平台上公示了五个标段的第一中标候选人，不符合相关的法规要求。按照《实施条例》第五十四条的要求，公示中标候选人时，应当同时公示全部中标候选人，而不是公示排名第一的中标候选人，相应地，投标人和其他利害关系人对评标结果有异议的，其异议应当针对全部中标候选人，而不能仅针对排名第一的中标候选人，否则将可能丧失针对排名第二和第三的中标候选人提出异议和投诉的权利。

5. 投诉处理

投标人 K 公司在中标候选人公示期间提出异议，称其在标段四提交的投标文件不应当被否决。4 月 30 日，招标人在收到异议 3 日内回复 K 公司：由于投标文件 MAC 地址相同，以视为串通投标否决 K 公司（标段一、标段二、标段四）的投标文件和 L 公司（标段一、标段二、标段三）的投标文件，并不予退还相应标段的投标保证金。

K 公司对于招标人的异议答复不满，在法定的 10 日内向行政监督部门——甲省信息通信管理局提起投诉。甲省信息通信管理局通过审查决定受理投诉后，针对 K 公司、L 公司是否属于串通投标针进行了相应的调查、取证，经查：

在标段一、标段二，K 公司、L 公司提交投标文件的 MAC 地址相同，按照招标文件的规定，"递交投标文件的 MAC 地址相同，将以视为串通投标否决投标"且符合《实施条例》第四十条"（二）不同投标人委托同一单位或者个人办理投标事宜"，因此在标段一、标段二以"视为串通投标"否决投标无误，且相应标段保证金不予退还。

在标段四，投标人 K 公司递交投标文件，投标人 L 公司未递交投标文件，不存在"递交投标文件的 MAC 地址相同"，因此不符合"视为串通投标"的认定条件，责令招标人改正，相应标段保证金应予以退还。

同时因为投标人 K 公司、L 公司在标段一、标段二以视为串通投标被否决投标，所以依据《招标投标法》第五十三条的规定对 K 公司、L 公司进行行政处罚。

3.3 通信工程招标投标的常见问题

3.3.1 招标阶段常见问题

1. 招标人应该如何合理设置对投标人的资质要求？

答：在编写招标文件时，设置对投标人资质要求应与项目招标规模相匹配，避免设置的资质要求过高而限制潜在投标人参与招标投标活动，或者设置的资质等级过低而使得不具备承接项目能力的投标人参与招标投标活动。

对于单一项目招标，招标人应根据项目立项批复文件中的项目招标规模相应确定投标人的资质要求。对于集中招标，招标人应根据本次集中招标项目中招标规模最大的单项项目情况相应确定投标人的资质要求。对于无法确定单项项目招标规模情况的集中招标项目，招标人可根据以往同类项目中招标规模最大的单项项目情况来合理设定资质要求，以确保项目规模与中标人的承接能力相匹配。

以通信施工总承包为例，三级资质可承担工程投资额 500 万元以下的各类通信、信息网络工程的施工；二级资质可承担工程投资额 2000 万元以下的各类通信、信息网络工程的施工；一级资质可承担各类通信、信息网络工程的施工。

2. 能否将已取消行政许可的各类资质作为资格条件？

答：不得将已取消行政许可的各类资质作为资格条件。将已取消行政许可的资质作为唯一的资质条件或必须具备的资质条件，将会限制、排斥尚未取得该资质的潜在投标人，因为该资质已经取消行政审批，这些潜在投标人已经无法取得该资质。

3. 依法必须招标项目与自愿招标项目的时限都分别有哪些？

答：依法必须招标项目与自愿招标项目的时限要求见表 3-16。

表 3-16　招标时限要求

流程	时限要求	依法必须招标项目	非依法必须招标项目
招标人自行招标备案	自发布招标公告或者发出投标邀请书之日起 2 日内通过"管理平台"向通信行政监督部门提交"通信工程建设项目自行招标备案表"	必须遵守	可以不提交自行招标备案表
资格预审文件/招标文件发售时间	资格预审文件或者招标文件的发售期不得少于 5 日	不可缩短	不可缩短
招标人对资格预审文件/招标文件的澄清或修改	澄清或者修改的内容可能影响资格预审申请文件或者投标文件编制的,招标人应当在提交资格预审申请文件截止时间至少 3 日前,或者投标截止时间至少 15 日前,以书面形式通知所有获取资格预审文件或者招标文件的潜在投标人;不足 3 日或者 15 日的,招标人应当顺延提交资格预审申请文件或者投标文件的截止时间	必须遵守	必须遵守
对资格预审文件/招标文件的异议	潜在投标人或者其他利害关系人对资格预审文件有异议的,应当在提交资格预审申请文件截止时间 2 日前提出;对招标文件有异议的,应当在投标截止时间 10 日前提出。招标人应当自收到异议之日起 3 日内做出答复	必须遵守	必须遵守
投标时间	提交资格预审申请文件的时间,自资格预审文件停止发售之日起不得少于 5 日	不可缩短	可适当缩短
	自招标文件开始发出之日起至投标人提交投标文件截止之日止,最短不得少于 20 日	不可缩短	可适当缩短
中标候选人公示	招标人应当自收到评标报告之日起 3 日内通过"管理平台"公示中标候选人,公示期不得少于 3 日	必须遵守	可以不公示中标候选人;如公示,则必须遵守
对评标结果的异议	应当在中标候选人公示期间提出。招标人应当自收到异议之日起 3 日内作出答复	必须遵守	必须遵守
招标投标情况报告	招标人应当自确定中标人之日起 15 日内,通过"管理平台"向通信行政监督部门提交"通信工程建设项目招标投标情况报告表"	必须遵守	可以不提交招标情况报告
集中招标项目实施情况报告	招标人进行集中招标的,应当在所有项目实施完成之日起 30 日内通过"管理平台"向通信行政监督部门报告项目实施情况	必须遵守	可以不提交集中招标项目实施情况报告
订立书面合同	招标人和中标人应当自中标通知书发出之日起 30 日内,按照招标文件和中标人的投标文件订立书面合同	必须遵守	必须遵守

4. 招标文件怎样载明"中标份额调整原则"?

答:《通信工程建设项目施工/货物集中招标文件范本》(2017 年版)第二章中"投标人须知前附表"第 7.2.3 条款列明中标份额调整原则为:在签订合同之前,中标人放弃中标或不能履行合同的,应按照以下原则进行调整。

第一项原则:招标人按照评标委员会提出的中标候选人名单排序依次确定其他中标候选人为中标人。

第二项原则：招标人根据（详细描述份额调整原则）对其他所有中标人的中标份额进行调整。

第一种原则称为"递补原则"，要求评标委员会推荐的中标候选人的数量要大于中标人的数量；第二种原则称为"份额调整原则"，招标人应在此处写明份额调整原则并做出详细描述，如平均分配原则、按中标比例进行分配原则等。

针对工程、服务项目，由于份额涉及实施地域问题，不宜采用"对其他所有中标人的中标份额进行调整"的方式，建议采用递补原则的调整方式。

招标人应在招标文件中如实载明中标份额调整原则，可能存在多种情况的，还应具体描述各种情况适用的调整原则。如出现招标文件规定以外情形的，招标人或评标委员会不得临时修改中标份额的调整原则。

3.3.2 投标阶段常见问题

1. 招标人发出招标文件的澄清或修改，距离投标截止时间不足 15 日，是否必须顺延提交投标文件的截止时间以满足 15 日的要求？

答：不是。如果该澄清或修改不影响投标文件编制，不需要顺延；否则，须依法顺延。实践中可能影响投标文件编制的澄清或者修改情形，包括但并不限于对拟采购工程、货物或服务所需的技术规格，质量要求，竣工、交货或提供服务的时间，投标担保的形式和金额要求，以及需执行的附带服务等内容的改变。这些调整会影响投标文件的编制，需要满足前述 15 日的要求。对于减少投标文件日需要包括的资料、信息或者数据，调整暂估价的金额，开标地点由同一栋楼的一个会议室调换至另一会议室等不影响投标文件编制的澄清和修改，则不受 15 日的期限限制。

2. 通过资格预审的申请人在投标阶段进行更名，是否可以继续投标？

答：可以。通过资格预审的申请人进行更名的，应当在投标文件中提供由市场监督管理部门颁发的"企业名称变更核准通知书"。如果变更核准通知书中涉及合并、分立、破产等行为，根据《实施条例》第三十八条规定，"投标人应当及时书面告知招标人。投标人不再具备资格预审文件、招标文件规定的资格条件或者其投标影响招标公正性的，其投标无效"。招标人可以通过复核确认是否需要邀请其他通过资格预审的潜在投标人投标，以保证竞争的充分性。在评标阶段投标人发生本条规定的重大变化的，招标人可以及时告知评标委员会，由评标委员会依据资格预审文件或者招标文件对投标人的资格条件进行复核，并对是否影响招标的公正性进行评估。评标结束后投标人发生本条规定的重大变化的，招标人可以根据《实施条例》第五十六条规定，尽快组织原评标委员会根据资格预审文件或者招标文件，对中标候选人的履约能力进行审查，依法维持原评标结果或者重新确定中标候选人。

3.3.3 开标阶段常见问题

1. 投标一览表和开标记录的内容存在什么关联？

答：投标一览表为投标文件的重要组成部分，一般包含有投标报价、工期等重要内容，在开标时，投标一览表的内容应公开唱标，并汇总记录在开标记录表中；开标记录表是开标过程的记录文件，应如实记录开标过程的关键信息。投标一览表是开标记录表的数据来源，开标记录表是投标一览表的汇总结果。

2. 开标过程中哪些主体可以成为监督人？

答：开标过程中的监督人，主要作用是监督开标过程，见证开标过程是否符合相关法律法规的要求，尽可能降低唱标、记录内容的出错率，确保开标记录信息准确。所以监督人可以是出席开标的招标人、招标代理机构的工作人员，可以是选定的投标人代表，也可以是出席开标的公证人员。建议招标人在招标文件中明确监督人产生的方式。

3.3.4 评标阶段常见问题

1. 在评标开始前或评标过程中，评标专家因为特殊原因不能继续评标，招标人/代理机构应如何处理？

答：应当及时按照原抽取方式补抽确定评标专家，并由更换后的评标专家重新进行评审。补抽应当按照确定原评标委员会专家成员的办法进行，不得更换抽取方式：原来采取随机抽取方式确定的，应继续采用随机抽取方式补抽；原来采用直接指定方式的，应继续采用直接指定方式确定。

根据《实施条例》第四十八条第三款规定："评标过程中，评标委员会成员有回避事由、擅离职守或者因健康等原因不能继续评标的，应当及时更换。被更换的评标委员会成员做出的评审结论无效，由更换后的评标委员会成员重新进行评审。"确实需要更换评标专家的具体情形主要有：一是回避事由，二是擅离职守，三是健康原因。除了上述原因之外，招标人不得随意更换评标专家。

如果被更换的评标专家已参与评标，其已完成的评标结果无效，必须由更换后的评标专家重新进行评审；招标人有义务根据评标进展告知、提醒被更换的评标专家的保密义务：不得透露对投标文件的评审和比较、中标候选人的推荐情况以及与评标有关的其他情况。

2. 母子公司能否同时参加同一资格预审或集中资格预审？如果母子公司都通过了同一资格预审或集中资格预审，是否可以参加同一项目的投标？

答：《实施条例》第三十四条第二款规定："单位负责人为同一人或者存在控股、管理关系的不同单位，不得参加同一标段投标或者未划分标段的同一招标项目投标。"该规定明确适用于投标阶段，并不适用于资格预审阶段。因此母子公司可以同时参加同一资格预审/集中资格预审。

（1）资格预审

对于未划分标段的单一项目或集中招标项目，母子公司可以同时参加并通过资格预审，但招标人只能选择其中一家符合资格条件的单位参加投标。招标人应当在资格预审文件中事先载明具体选择方法，如果采用有限数量制进行资格预审的，招标人还应当在资格预审文件中载明后续相关递补方式。

（2）集中资格预审

母子公司可以同时参加并通过集中资格预审，但不能同时参加当次集中资格预审适用范围和有效期限内的同一项目或同一标段的投标。招标人应当在资格预审文件中事先载明选择参加投标单位的方法。

3. 投标文件出现了哪些情形，评标委员会可以"视为投标人串通投标"否决相关投标。

答：依据《实施条例》第四十条规定：有下列情形之一的，视为投标人相互串通投标：

1）不同投标人的投标文件由同一单位或者个人编制。

2）不同投标人委托同一单位或者个人办理投标事宜。

3）不同投标人的投标文件载明的项目管理成员为同一人。

4）不同投标人的投标文件异常一致或者投标报价呈规律性差异。

5）不同投标人的投标文件相互混装。

6）不同投标人的投标保证金从同一单位或者个人的账户转出。

在评标委员会的评审过程中，出现了上述情形之一，评标委员会可以视情况给予投标人澄清、说明的机会；在评标结束后，投标人可以依法寻求行政救济，由行政监督部门做出认定。

其中，"不同投标人的投标文件由同一单位或者个人编制"，在电子招标投标系统中往往由交易平台去判断不同投标人提交投标文件的MAC地址或者是生成投标文件的文件编制码是否一致，如果出现MAC地址一致或者文件编制码一致的，可以视为投标人相互串通投标。

针对施工项目，一般对项目管理人员（项目负责人）提出明确的要求。在具体投标项目中项目管理成员中出现同一人的，其最大的可能性就是串通投标，应当先行给予认定，除非投标人能够证明其不存在串通投标的行为。需要说明的是，串通投标与弄虚作假竞合时，行政监督部门应当依照有关规定从重处罚。

"不同投标人的投标文件异常一致或者投标报价呈规律性差异"，所说的"异常一致"，实践中典型的表现包括：投标文件内容错误或者打印错误雷同，由投标人自行编制文件的格式完全一致，属于某一投标人特有的业绩、标准、编号、标识等在其他投标人的投标文件中同时出现等。由于投标人之间曾就类似工程有过联合投标经历导致投标文件的技术方案异常一致的情况，实践中有评标委员会通过澄清、说明机制予以排除。在实践中的不同投标人投标报价"呈规律性差异"典型表现包括：不同投标人的投标报价呈等差数列、不同投标人的投标报价的差额本身呈等差数列或者规律性的百分比等。需要注意的是，通信施工、设计、监理等项目招标，如果采用折扣报价方式，投标人的报价可能出现报价相同或者规律性差异，未必属于本条所说的"异常一致"。

"不同投标人的投标文件相互混装"，在实践中认定"相互混装"，不同的评标委员会理解有差别。有的评标委员会认为一个投标人的投标文件中出现了另一投标人的有关材料，例如A投标人的业绩中出现了B投标人的合同，就以投标文件相互混装为由否决A与B；有的评委会倾向于认为两个投标人分别出现了对方的投标文件中的内容，例如A投标人的业绩中出现了B投标人的合同，同时B投标人的业绩也出现了A投标人的合同，才以投标文件相互混装为由否决A与B。招标文件中可以明确"相互混装"的认定标准，以避免这种分歧影响评标结果。

4. 招标人是否有权核查评标报告？应在何时核查？发现了问题应如何处理？

答：招标人有权核查评标报告。在评标委员会完成评标，提交评标报告后3日内，公示中标候选人之前招标人可以对评标报告进行复核。招标人在核查评标报告时重点关注评标委员会是否按照招标文件规定的评标标准和方法进行评标；是否存在对客观评审因素评分不一致，或者评分畸高、畸低现象；是否对可能低于成本或者影响履约的异常低价投标和严重不平衡报价进行分析研判；是否依法通知投标人进行澄清、说明；是否存在随意否决投标的情况。

对于在核查时发现的问题，应根据具体情况进行分析判断并做出相应处理。如果复核后认为存在错误，有权要求评标委员会重新复核，并根据实际情况采取进一步处理方式。因非主观故意导致的客观类错误，如算术错误，招标人应及时要求评标委员会进行更正；对中标结果造成实质性影响，且不能采取补救措施予以纠正的，招标、投标、中标无效，应当依法重新招标或者评标。因主观故意、不客观、不公正履行职务导致的错误，例如不按照招标文件规定的评标标准和方法评标、对依法应当否决的投标不提出否决意见，招标人应向有关行政监督部门报告，并由有关行政监督部门进行行政处罚。

3.3.5 定标阶段常见问题

1. 联合体中标后，招标人怎样与中标人签订合同？

答：招标人应当与联合体各方共同签订合同。《招标投标法》第三十一条规定："联合体各方应当签订共同投标协议，明确约定各方拟承担的工作和责任，并将共同投标协议连同投标文件一并提交招标人。联合体中标的，联合体各方应当共同与招标人签订合同，就中标项目向招标人承担连带责任。"招标人应当与联合体各方共同签订一份合同，"共同"的意思是指合同甲方是招标人，合同乙方是联合体各方，例如A、B公司组成的联合体中标，牵头人是A公司，签订合同时乙方应是A公司和B公司，而不是甲方分别与A公司、B公司签订合同，也不是仅与联合体牵头人A公司签订合同。

2. 依法必须进行招标的通信工程建设项目，排名第一的中标候选人在签订合同前放弃中标资格，招标人是应当直接确定排名第二的中标候选人为中标人，还是应当重新公示后再确定原排名第二的中标候选人为中标人？

答：招标人可以直接确定排名第二的中标候选人为中标人，不必重新公示。依据《实施条例》第五十四条规定："依法必须进行招标的项目，招标人应当自收到评标报告之日起3日内公示中标候选人，公示期不得少于3日。投标人或者其他利害关系人对依法必须进行招标的项目的评标结果有异议的，应当在中标候选人公示期间提出。"所以依法必须进行招标的通信工程建设项目，应当公示全部中标候选人。相应地，投标人和其他利害关系人对评标结果有异议的，其异议也应当针对全部中标候选人，而不能仅针对排名第一的中标候选人。在中标候选人公示期间，如果投标人和其他利害关系人未对排名第二和第三的中标候选人提出异议，在公示期结束后，投标人和其他利害关系人也丧失了对全部中标候选人提出异议的权利。

结合《实施条例》第五十五条和27号令第三十八条的规定，依法必须招标的通信工程建设项目，采用单一项目招标方式的，招标人应当确定排名第一的中标候选人为中标人。排名第一的中标候选人放弃中标、因不可抗力不能履行合同、不按照招标文件要求提交履约保证金，或者被查实存在影响中标结果的违法行为等情形，不符合中标条件的，招标人可以按照评标委员会提出的中标候选人名单排序依次确定其他中标候选人为中标人，也可以重新招标。采用集中招标方式的，在签订合同前，中标人放弃中标或不能履行合同的，招标人可以按照评标委员会提出的中标候选人名单排序依次确定其他中标候选人为中标人，也可以对中标人的中标份额进行调整，但应当在招标文件中载明调整规则。

3.4 实训演练

3.4.1 招标文件

1. 任务要求

要求学生结合3.2"通信工程招标投标案例"中的相关信息针对招标文件编制（针对"投标人须知前附表"）进行重点演练。

2. 任务实施内容

在使用通信工程建设项目招标文件范本编制招标文件时，需要选择合适的范本来编制招标文件。"案例分析"为施工集中招标项目，所以选择《通信工程建设项目施工集中招标文件范本》来编制招标文件。"投标人须知"是招标文件中明确招标投标活动应遵循的程序规则和对编制、递交投标文件等投标活动的相关要求。"投标人须知"包括"投标人须知前附表"和"投标人须知正文"两部分。在"投标人须知正文"的内容原则上不允许进行修改，"投标人须知前附表"用于进一步明确"投标人须知正文"中未明确的信息，招标人或代理机构应结合项目的具体特点和实际需要编制。当投标人须知前附表的内容与正文不一致时，以前附表为准。

请按照表3-17编制"案例分析"项目的投标人须知前附表。在填写"投标人须知前附表"时，需要注意以下问题：

在填写"投标人须知前附表"时，若本项目对该项内容有要求，按照"投标人须知前附表"的顺序如实填写；若本项目对该项内容无要求，可以省略不填。

"投标人须知前附表"中关于招标人、招标代理机构、集中招标项目名称、资金来源、招标范围应与招标公告中相应的内容一致；同时，关于资格审查的内容，采用资格后审方式时，资格要求应当与招标公告中的资格条件保持一致；关于投标截止时间应与招标公告中"5. 投标文件的递交"填写内容一致。

"投标人须知前附表"中"2.4.1 投标人提出澄清的截止时间和方式""2.4.2 招标人发出招标文件澄清或修改的截止时间和方式"与"2.4.4 投标人确认收到澄清或修改的截止时间和方式"之间的时间顺序是：投标人需要在"2.4.1 投标人提出澄清的截止时间"前提出澄清的要求；招标人在收到了投标人提出的澄清要求后，在"2.4.2 招标人发出招标文件澄清或修改的截止时间"前发出招标文件的澄清或修改；投标人在收到招标人发出的澄清或修改后，在"2.4.4 投标人确认收到澄清或修改的截止时间"前确认收到了招标人发出的招标文件的澄清或修改。另外在设定"2.4.2 招标人发出招标文件澄清或修改的截止时间"时需要注意，如果招标人发出的文件澄清或修改，可能影响文件编制的，招标人需要在投标截止时间至少15日以前，以书面方式通知所有获取了招标文件的潜在投标人。如果距离截止时间不足15日的，应当相应顺延投标截止时间。

"2.1.3 招标文件实质性要求的标识及非实质性要求的偏离要求"需要明确实质性条款的具体标识，以增强对于潜在投标人和评标委员会的指导。在实践中多使用"☆"或"※"来标识实质性条款。

表 3-17 投标人须知前附表

条款号	条款名称	编列内容
1.1.2	招标人	招标人名称：_____ 招标人地址：_____ 招标人联系方式：_____
1.1.3	集中招标项目名称	项目名称：_____ 招标编号：_____
1.1.5	建设地点	
1.2	资金来源	□ 招标人自筹 □ 使用财政资金 □ 银行贷款 □ 国家融资 □ 其他：_____

（续）

条款号	条款名称	编列内容
1.3.1	招标范围	
1.3.2	计划工期/集中招标合同期限	
1.3.3	质量要求	□ 合格 □ 优良
1.4	集中招标类型	□ 标段招标，标段划分情况如下：_____ □ 份额招标，份额分配情况如下：_____ □ 混合招标，标段划分及份额分配情况如下：_____
1.5.3	招标方式	□ 公开招标 □ 邀请招标
1.6	招标组织形式	□ 自行招标 □ 委托招标代理机构代理招标 招标代理机构名称：_____ 招标代理机构地址：_____ 招标代理机构联系人：_____ 招标代理机构电话：_____
1.7	资格审查方式	□ 资格预审 □ 资格后审，资格条件见第一章"招标公告"
1.8.1	投标人不得存在的情形	本条款增加规定：_____
2.1.1	招标文件的组成	本条款替换为：_____
2.1.3	招标文件实质性要求的标识及非实质性要求的偏离要求	（1）招标文件中标识"（详细载明具体标识方式）"的条款，均为实质性条款，任何不满足实质性条款的投标将被否决。 （2）非实质性要求的偏离要求：_____
2.1.4	是否以单项报价核定低于成本	□ 不要求 □ 要求，具体要求如下：_____
2.2.1	踏勘现场	□ 不组织 □ 组织，踏勘现场时间、地点：_____
2.3	投标预备会	□ 不召开 □ 召开，召开投标预备会的时间、地点：_____
2.4.1	投标人提出澄清的截止时间和方式	截止时间：____年____月____日____时____分（北京时间） 提出澄清的方式：_____
2.4.2	招标人发出招标文件澄清或修改的截止时间和方式	截止时间：____年____月____日 发出澄清或修改的方式：书面方式
2.4.4	投标人确认收到澄清或修改的截止时间和方式	确认收到澄清或修改的时间：____年____月____日 确认收到澄清或修改文件的方式：书面方式
3.1	投标文件组成	投标文件必须按照以下顺序编制：_____
3.2.2	投标文件应答和编写	本条款增加规定：_____
3.2.4	投标文件的盖章或签字	本条款增加规定： （1）招标文件第七章"投标文件格式"中有单位名称和法定代表人或其委托代理人签字落款的投标文件必须逐页加盖单位公章，并由法定代表人或其委托代理人逐页手签。 （2）除上述文件以外的其他投标文件组成部分必须加盖骑缝章（骑缝章必须覆盖所有投标文件），或由法定代表人或其委托代理人逐页手签。 （3）……

(续)

条款号	条款名称	编列内容
3.3.1	报价方式	□ 定额方式报价 □ 其他：_____
3.3.3	最高投标限价或其计算方法	□ 不设置最高投标限价 □ 设置最高投标限价，最高投标限价/最高投标限价计算方法：_____
3.3.5	投标报价具体要求	本条款增加规定：_____
3.4.1	投标有效期	投标有效期：_____天
3.5.1	投标保证金金额	投标保证金金额：_____
3.5.2	投标保证金形式	投标保证金形式：(现金/银行汇票/银行支票/银行保函)
3.5.4	投标保证金不予退还的其他规定	本条款增加规定：_____
3.6.1	备选投标方案	□ 不允许 □ 允许
3.7.1	投标文件份数	正本一份，副本_____份，电子版_____份
3.7.6	投标文件的密封和标记要求	本条款替换为：_____
3.8	电子招标的投标文件上传形式	
4.1.1	投标文件递交截止时间	_____年___月___日___时___分（北京时间）
4.1.2	投标文件递交地点	
4.1.4	投标文件退还	□ 不退还 □ 退还
4.1.6	电子招标方式投标文件递交异常的处理方式	
5.1	开标时间和地点	同投标文件递交截止时间和地点
5.4	电子招标开标的其他要求及异常处理	
5.5	不得开标	_____人
6.1.1	评标委员会组成人数	_____人（5人以上单数）
6.3	评标方法	□ 经评审的最低投标价法 □ 综合评估法 □ 其他：_____
6.4	推荐中标候选人原则	适用于标段招标： 投标人可以推荐为中标候选人的最多标段数：_____个 按照以下第( )项原则推荐为中标候选人： (1)按照标段顺序推荐为中标候选人。 (2)按照投资估算金额由大到小推荐为中标候选人。 (3)按照标段顺序结合中标人在投标文件中所选择的意向推荐中标候选人。 适用于份额招标： 推荐中标候选人数量_____个 适用于混合招标： 投标人可以推荐为中标候选人的最多标段数：____个 标段____：中标人候选人数量____个 ……

（续）

条款号	条款名称	编列内容
7.1.2	邀请招标中标候选人公示的其他媒体	本条款增加如下规定：_____
7.2.1	中标人确定	□ 评标委员会直接确定中标人，中标人数量：____人 □ 招标人确定中标人，中标人数量：____人
7.2.2	中标原则	适用于标段招标： 投标人可以中标的最多标段数：____个 中标顺序按照以下第(　　)项原则顺序中标： (1)按照标段顺序中标。 (2)按照投资估算金额由大到小中标。 (3)按照标段顺序结合中标人在投标文件中所选择的意愿中标。 适用于份额招标： 中标人数量____个，每个中标人对应的中标份额为： 排名第一的：____% 排名第二的：____% …… 适用于混合招标： 投标人可以中标的最多标段数：____个 标段____：中标人数量____个，每个中标人对应的中标份额为： 排名第一的：____% 排名第二的：____% …… 标段____：……
7.2.3	中标份额调整原则	在签订合同之前，中标人放弃中标或不能履行合同的，应按照以下第____项原则进行调整： (1)招标人按照评标委员会提出的中标候选人名单排序依次确定其他中标候选人为中标人。 (2)招标人根据__(详细描述份额调整原则)__对其他所有中标人的中标份额进行调整。 (3)……
8.1.1	履约保证金金额和方式	履约保证金金额：合同金额的____% 履约保证金方式：(现金/银行汇票/银行支票/银行保函)
9	招标代理服务费金额、交纳方式和时限	交纳金额：_____ 交纳方式：_____ 交纳时限：_____
11	需要补充的其他内容	……

3.4.2　开标记录

1. 任务要求

要求学生结合"案例分析"中的相关信息针对开标的内容进行重点演练。

2. 任务实施内容

（1）准备工作

学生以自愿原则分成两组：招标人与投标人。招标人小组2~3人，分角色扮演招标人、招标代理机构,并负责唱标;投标人小组 5~7 人,扮演不同的投标人,携带编制好的投标文件参与开标。另可以设置监督人。

1)道具准备。

文件类:投标文件递交登记表、开标记录、出席开标人员签到表、开标议程。

物品类:指示牌、桌签、投影仪、打印机、签字笔、纸张、监控系统。

2)人员分工,见表 3-18。

表 3-18 开标会议人员分工

人员	职责范围	备注
接收投标文件人员	负责准备投标文件签收相关表格,并接收投标文件,做好记录	
主持人	会议组织、流程控制、安排分工、处理意外情况	
监督人	对于唱标过程进行监督	可以是公证人员、招标人工作人员或者投标人代表
唱标人	打开投标文件,宣读投标一览表,协助记录人对唱标过程准确记录	
记录人	记录投标人投标报价,填写开标记录	
投标人代表	代表投标人递交投标文件,参与开标	

(2)接收投标文件过程模拟

投标人:按照招标文件的要求进行密封、标记,在投标截止时间之前到达开标地点。

接收投标文件人员:在招标文件指定的地点接收投标人代表递交的投标文件,记录递交投标文件的投标人代表、递交文件时间、密封标记、份数等信息,经投标人确认后,出具投标文件接收凭证。

接收投标文件时,注意审查投标人代表是否持有相关授权递交投标文件,投标文件上打印的项目名称、标段名称是否与招标项目名称相符;注意检查投标文件的密封、标记是否符合招标文件的要求,拒收不符合密封标记要求的投标文件,并将符合要求的投标文件分标段放好。填写"投标文件签收单"(表 3-19),并针对签收的投标文件出具签收凭证。

表 3-19 投标文件签收单

招标项目名称:　　　　　　　　　　　　标段:

序号	投标人名称	份数	密封标记	投标保证金形式	递交时间	投标人代表签字
1						
2						
3						

(3)开标过程模拟

1)开场词。

主持人:投标文件递交截止时间已到,现在停止接收新的投标文件。下面我宣布(招标项目名称)开标正式开始。

大家好!我是(主持人姓名),受招标人委托,主持本次开标会议。下面我介绍一下参与本次开标的有关人员:

招标人代表是(招标人代表姓名、职务);负责本次唱标的人是(姓名)、记录人为(姓名)、监督人为(姓名、职务)。

2)宣读开标纪律。

主持人:下面将首先宣读开标纪律。

凡与开标无关人员不得进入开标会场;参加开标的所有人员应将手机调整为静音状态,不得在开标期间使用手机录音、录像;在开标过程中不得交头接耳、高声喧哗;投标人代表如有疑问应举手发言,未经主持人同意不得在会场内随意走动。

3)核验投标人代表身份。

支持人:下面将核验投标人代表身份。参加开标的投标人代表需出具授权委托书和身份证件。我们将留存授权委托书和身份证的复印件。

4)宣布接收投标文件情况。

主持人:下面我宣布在投标截止时间前按时递交投标文件的投标人名单(投标人名称、时间、撤回投标情况)。

5)检查投标文件密封情况。

主持人:下面请投标人代表检查投标文件密封情况。检查过程中如有异议,请举手示意并当场提出,否则,视为密封良好。

6)投标人提交核验材料。

主持人:下面检查投标人出席开标会的情况以及投标保证金的情况。请各投标人法定代表人或授权委托人持身份证明、投标保证金汇款凭证至招标人处核验。请(×××)公司提交资料核验,请(×××)公司做好准备。

7)宣布投标文件开标顺序并唱标。

主持人:下面请唱标人按照投标文件送达时间顺序开启投标人投标文件。

唱标人:(×××)公司的投标报价为(×××)元人民币,税率(××)%。投标保证金或保函为(×××)元人民币。请(×××)公司认真核对,无误后请在开标记录上签字确认。

8)确认开标记录。

记录人:记录投标文件的密封、标识以及投标报价、投标保证金等开标、唱标情况,以及开标时间、地点、程序,出席开标会议的单位和投标人代表等。并由唱标人、记录人、监督人和投标人代表在开标记录上签字。

主持人:(项目名称)开标结束,谢谢大家。

3.4.3 评标报告

1. 任务要求

要求学生结合"案例分析"中的相关信息针对评标的内容进行重点演练。

2. 任务实施内容

(1)初步评审

评标委员会:填写初步评审记录(见表3-20)。

(2)投标文件的澄清、说明或补正

评标委员会:投标文件中出现含义不明确、明显的文字或计算错误时,评标委员会认为需要投标人做出必要的澄清、说明的,应当书面通知该投标人,要求其对含义不明确、明显的文字或计算错误进行澄清、说明或补正。对于明显背离招标文件实质性要求的偏差则不应要求投标人给予澄清或者说明,否则会影响评标结果的公正性。

表 3-20 初步评审记录（标段　　）

项目名称：　　　　　　　　　　　　　项目编号：

序号	评审因素	评审标准	投标人 1	投标人 2	投标人 3	投标人 4	投标人 5
1	投标人名称	与营业执照、资质证书一致					
2	营业执照和资质证书	是否齐全、真实有效、符合招标文件要求					
3	投标文件签字盖章	符合第二章"投标人须知"第 3.2 条的要求					
4	法定代表人授权委托书	具备有效的法定代表人身份证明或法定代表人授权委托书					
5	投标文件格式	符合第二章"投标人须知前附表"第 3.1 条及第七章"投标文件格式"的要求					
6	联合体投标人	联合体协议书，并明确牵头人（如有）					
7	报价唯一且有效	只能有一个有效报价，且应按照招标文件的要求进行报价					
8	投标内容	符合第二章"投标人须知前附表"第 1.3.1 条的要求					
9	工期	符合第二章"投标人须知前附表"第 1.3.2 条的要求					
10	工程质量	符合第二章"投标人须知前附表"第 1.3.3 条的要求					
11	投标有效期	符合第二章"投标人须知"的要求					
12	投标保证金	符合第二章"投标人须知"的要求					
13	其他	符合招标文件的其他实质性规定					

初步评审结论：通过初步评审标注为√；未通过评审标注为×。

注：上述评审因素中有一项不符合评审标准的，评标委员会应否决投标。

评标委员会全体成员签字：

当发现投标人的投标报价明显低于其他投标人（或者设有标底的项目，投标报价明显低于标底，可能低于成本的）应要求该投标人做出价格说明并提供相关证明材料。如果该投标人能够提供证明材料说明其报价为合理低价，其报价能够按照招标文件规定的质量标准和工期完成招标项目，评标委员会可以接受其澄清，继续进行评审；如果该投标人不能提供相关证明材料，或者提供的证明材料无法证明其报价能够按照招标文件规定的质量标准和工期完成招标项目，评标委员会应当以低于成本价投标为由，否决其投标。

投标人：按照评标委员会的澄清要求及时提交书面澄清、说明或补正。

评标委员会：针对"案例分析"中投标人 J 的报价"48％％"，评标委员会是否可以发出澄清？请撰写评标委员会发出澄清的相关内容。

（3）详细评审

"案例分析"中采用的是综合评估法，评标委员会需要针对商务、技术、后评估及价格四个部分进行评分，其中综合实力 10 分、技术 40 分、后评估 20 分、价格 30 分。

其中价格评审采用向下引导的中间价法进行评分：将有效投标的报价去掉一个最高值和一个最低值后的算术平均值（投标人数量较少时，可以不去掉最高值和最低值；投标人数量较多时，可以适当增加去掉最高值和最低值的数量），有时候该算术平均值还会再乘以一个合理下降系数 K（通常在开标现场抽取，为 $0.95\sim0.99$ 之间的一个小数）作为评标基准价。然后按照规定的办法（一般是超过或低于基准价均扣分，超过基准价扣分的步长高于低于基准价的扣分）。

在技术评审中，"类似工程经验""标段涉及常驻机构情况""人员配置满足工程情况"为客观评审项，不同评委的打分应当一致；"施工组织设计""质量和安全管理措施""安全生产应急预案"及"投标文件编制质量"多为主观评审项，应当确保评委按照评审标准进行独立评审。

评标委员会：按照价格计算方法，计算标段一至标段五投标人的相应价格得分。

价格占 30 分，价格评审的内容主要是根据投标人的有效投标报价（评标价）进行评分，评标价为修正后的投标折扣系数（不含税）。投标报价为折扣系数，折扣系数不大于 100%。

以平均有效评标价 X 作为评标基准价，评标价等于 100% 评标基准价（含）至 80% 评标基准价（含）得满分 100 分；评标价每高于 100% 评标基准价数值 1 个折扣点减 1 分；每低于 80% 评标基准价数值 1 个折扣点减 0.5 分；不足 1 个折扣点的部分按线性内插法进行计算，扣完为止。

（4）编写评标报告

评标委员会：编制"案例分析"对应的评标报告。

评标委员会完成评标后，应当向招标人提交书面评标报告，具体内容要求如下：

1）基本情况。
2）开标记录和投标一览表。
3）评标方法、评标标准或者评标因素一览表。
4）评标专家评分原始记录表和否决投标的情况说明。
5）经评审的价格或者评分比较一览表和投标人排序。
6）推荐的中标候选人名单及其排序。
7）签订合同前要处理的事宜。
8）澄清、说明、补正事项纪要。
9）评标委员会成员名单及本人签字、拒绝在评标报告上签字的评标委员会成员名单及其陈述的不同意见和理由。

有两点需要特别强调：一是评标报告上需要评标委员会全体成员签字，如果评标委员会进行分组评审，也要求所有评委在总的评标报告上签字确认。如果有个别评委对于评审结论持有不同意见，需要在评标报告上签字并陈述其不同意见和理由。对于拒绝在评标报告上签字的评委，视为其同意评标报告的结论。二是关于招标人收到评标报告的时间，以评标报告落款时间为准，也是后续计算中标候选人公示的 3 天的起算时间。招标人收到评标报告之后，应尽快审核评标报告，如果发现了问题，应按照法定程序予以纠正。

本章小结

本章知识点见表 3-21。

表 3-21 本章知识点

序号	知识点	内容
1	招标投标	招标投标,是国际上普遍应用的,在市场经济条件下进行的大宗货物的买卖、工程建设项目发包与承包,以及服务项目的采购与提供时,所采用的一种交易方式,也简称为招投标
2	集中招标	通信工程建设项目已确定投资计划并落实资金来源的,招标人可以将多个同类通信工程建设项目集中进行招标
3	集中资格预审	招标人可以对多个同类通信工程建设项目的潜在投标人进行集中资格预审。所谓集中资格预审,是指将多个同类通信工程建设项目集中做一次资格预审
4	招标	招标是以招标公告或投标邀请书的方式邀请不特定或特定的潜在供应商投标的采购方式
5	公开招标	指招标人以招标公告的方式邀请不特定的法人或者其他组织投标
6	邀请招标	招标人以投标邀请书的方式邀请特定的法人或者其他组织投标
7	投标	投标是指投标人应招标人的邀请,根据招标公告或投标邀请书所规定的条件,在规定的期限内,向招标人递交投标文件参与竞争的行为
8	评标委员会	评标委员会是指在招标采购中,由招标人依法组建的负责按照招标文件规定的评标标准和方法对投标文件进行评审和比较的工作组
9	通信工程建设项目	通信工程以及与通信工程建设有关的货物、服务

习题

1. 简述通信工程公开招标的程序。
2. 简述通信工程依法必须进行招标的情形。
3. 简述通信工程可以不招标的情形。
4. 通信工程集中招标有哪几种形式?
5. 案例分析题。

某通信工程施工集中招标项目,采用电子招标投标系统要求递交电子文件。文件发售时间为 2023 年 3 月 5 日—3 月 12 日,投标截止时间为 2023 年 4 月 10 日上午 10:00。在投标截止时间前,有 A、B、C、D 等 20 家企业通过电子招标系统提交了投标文件,另有 M 企业于 4 月 10 日上午 10 时 01 分告知招标人投标文件未能上传。在开标时,招标人发现投标人 G 企业的投标文件无法解压;投标人 E 企业认为 K 企业的投标报价低于成本,通过系统提出质疑;S 公司的投标人代表提出异议,开标时系统填写的价格是 35%%,系填写错误,应为 35%。上述异议记入系统生成的开标记录。

4 月 12 日评标委员会在评标时发现:

1)招标文规定无法解压的投标文件,如果是系统原因,统一处理;如果是投标人原因,视为文件不满足招标文件实质性要求。

2)B 企业的施工总承包资质证书已于 2023 年 4 月 11 日期满,未提供新的证书以及证书申请续展的有关资料。

3)F 企业的施工总承包资质证书已于 2023 年 3 月 10 日到期,在投标文件中提供了 2022

年 12 月 15 日申请证书续展的资料。

4）招标文件要求投标文件中的授权委托书必须由法定代表人和授权代表签字、盖章，并上传扫描件。

5）H 企业的投标文件扫描件中授权委托书，法定代表人张三授权李四参加项目投标，但是张三和李四签名的位置签反了，张三在被授权人处签字，李四在法定代表人处签字。

6）在业绩证明材料中，L 企业提供的合同中出现了一份 N 公司的合同。

7）投标人 O 企业与 P 企业为同一集团的两个独立子公司。

8）通过 E 企业递交的材料，结合 K 企业的报价为 5%，评标委员会认为 K 企业的报价确实偏低。

9）投标人 S 公司的报价在开标记录中为 35%%，投标一览表也是 35%%，在开标记录中 S 公司的投标人代表提出异议，明确指出报价应为 35%，而不是 35%%。

10）在业绩证明材料中，L 企业提供的合同中出现了一份 N 公司的合同。

评标委员会对于上述投标人的处理产生了分歧，最终依据少数服从多数的原则，做出如下的评审决定：

1）G 企业的投标文件无法解压，不符合招标文件的实质性要求，故否决 G 的投标。

2）4 月 12 日评审时 B 的资质证书已过期，故否决 B 的投标。

3）F 的资质证书虽然已过期，但是提交了届满前 3 个月内申请续展的证明材料，经过核查，F 的证书有效。

4）I 企业的投标文件只有单位公章，没有法定代表人签字，不符合招标文件的要求，故否决 I 的投标。

5）H 企业的投标文件中授权委托书里法定代表人与被授权人签字的位置签反了，使得授权委托书不生效，违反招标文件的实质性要求，否决 H 的投标。

6）L 企业的业绩材料出现了 N 企业的材料，属于投标文件相互混装，L、N 视为串通投标，故否决 L 和 N 的投标。

7）O 企业与 P 企业为同一集团的两个子公司，有可能协同投标，所以将 O 与 P 一起否决。

8）被异议的 K 企业报价为 5%，S 企业的报价为 35%%，这两家投标人的报价明显偏低，有可能低于成本，因此评标委员会 4 月 12 日下午 3 点发出澄清，要求 K 企业和 S 企业在 4 月 13 日下午 3 点以前提交成本说明。4 月 12 日下午 4 点 S 企业在提交的澄清回复中指出 35%% 是明显的文字错误，应为"35%"。4 月 13 日上午 10 点 K 企业提交的澄清回复中指出：本次的施工项目拟投入的施工人员与施工机械均为本企业的现有员工与已有的施工机械，一旦中标不会新增人员，不会购买新的施工机械，因此成本为 0，故报价 5% 未低于成本。评标委员会认为：S 企业的回复未说明成本情况，故否决 S 的投标；K 企业的回复说明了其成本情况，按照其说明，报价确实未低于成本，故不否决其投标。

【问题】

1）评标委员会针对多个投标人做出的 8 个评审决定，是否正确？请说明理由。

2）本项目中有效投标有哪些？

第 4 章　通信工程项目合同管理

通信工程建设项目与传统工程项目相比具有技术难度高、工期紧、不确定因素多等特点，使得通信工程建设项目建设难度增加，为了降低项目风险，必须加强合同管理工作，使合同各方能够严格按照合同履约，以保证通信工程建设项目顺利竣工。

学习要点
- 合同概念。
- 合同管理流程。
- 合同管理内容。

素养目标
- 学习合同的概念、类型，增强法律意识。
- 学习合同管理的流程、内容和依据合同的索赔管理，提升合同管理能力和应对合同风险能力。

4.1　概述

合同管理是工程建设项目管理中的重要内容，通过有效的合同管理可以维护合同双方的正当权益。同时通过合同约束能够建立良好的合作关系，保障工程建设项目顺利完成。

4.1.1　合同概念

合同是两个以上法律地位平等的当事人意思表示一致的协议，包括但不限于各类合同以及具有合同性质的订单、意向书、备忘录、框架协议等具有法律效力的文件。合同以产生、变更或终止债权债务关系为目的，合同是一种民事法律行为。

2021 年 1 月 1 日起《合同法》废止，《中华人民共和国民法典》正式施行。《中华人民共和国民法典》规定：合同是民事主体之间设立、变更、终止民事法律关系的协议。依法成立的合同，受法律保护。依法成立的合同，仅对当事人具有法律约束力，但是法律另有规定的除外。

合同当事人订立合同往来的文书、电报、传真、电子数据交换和电子邮件等相关凭证，以及当事人协商同意的有关修改内容的协议、文书，均属合同组成部分。

在通信工程项目的实施过程中，会涉及许多合同，例如：设计合同、供货合同、服务合同、施工合同、租赁合同、仓储合同等。本书主要论述建设工程合同。

4.1.2 建设工程合同的类型

建设工程合同按照承包工程的主体，主要包括勘察合同、设计合同、施工合同；按照承包工程计价方式，可分为固定价格合同、可调价格合同、成本加酬金合同。

1) 固定价格合同是指在约定的风险范围内价款不再调整的合同。双方需在专用条款内约定合同价款包含的风险范围、风险费用的计算方法以及承包风险范围以外的合同价款调整方法。这种合同的价款不是绝对不可调整，只是在约定范围内的风险由施工单位承担。

2) 可调价格合同是指双方在专用条款内约定合同价款调整方法的合同。通常适用于工期较长的施工合同。

3) 成本加酬金合同是指由建设单位向承包单位支付工程项目的实际成本，并按事先约定的某一种方式支付酬金的合同类型。即工程最终合同价格按承包单位的实际成本加一定比例的酬金计算，而在合同签订时不能确定一个具体的合同价格，只能确定酬金的比例。其中酬金由管理费、利润及奖金组成。这类合同中，建设单位承担项目实际发生的一切费用，也承担项目的全部风险，承包单位无风险，其报酬较低。这类合同的缺点是建设单位对工程造价不易控制，承包单位也就往往不注意降低项目的成本。

4.2 合同管理的流程

合同管理是企业对以自身为当事人的合同依法进行起草、审批、签订、履行、变更、解除、争议处理、终止等活动的总称。

4.2.1 合同管理的原则

合同管理应当遵循下列原则：

1) 全面管理原则。企业对外开展经济活动，应当先签订合同后履行，并应当履行合同审批流程。

2) 合法合规原则。企业建立健全各项合同管理制度和流程，制定合同管理办法，完善示范文本管理、审查规范标准、授权委托、签署用印、履行监控等配套规定，加强合同的管理和监督，签订合同应当符合法律法规及企业内部管理规定的要求。

3) 全程控制原则。企业对合同的起草、审批、签订、履行等各环节进行全过程管理，有效防范合同风险。

4) 高效支撑原则。企业根据经营管理需求，采取信息化等多种手段，不断提升合同管理效率，有效支撑业务经营活动。

4.2.2 合同的订立

与其他合同的订立程序相同，建设工程合同的订立也要采取要约和承诺方式。根据《中华人民共和国招标投标法》对招标、投标的规定，招标、投标、中标的过程实质就是要约、承诺的一种具体方式。招标人通过媒体发布招标公告，或向符合条件的投标人发出招标文件，为要约邀请；投标人根据招标文件内容在约定的期限内向招标人提交投标文件，为要约；招标人通过评标确定中标人，发出中标通知书，为承诺；招标人和中标人按照中标通知书、招标文件和中标人的投标文件等订立的书面合同

合同的订立

签字并盖章后,合同成立并生效。合同订立流程如图 4-1 所示。

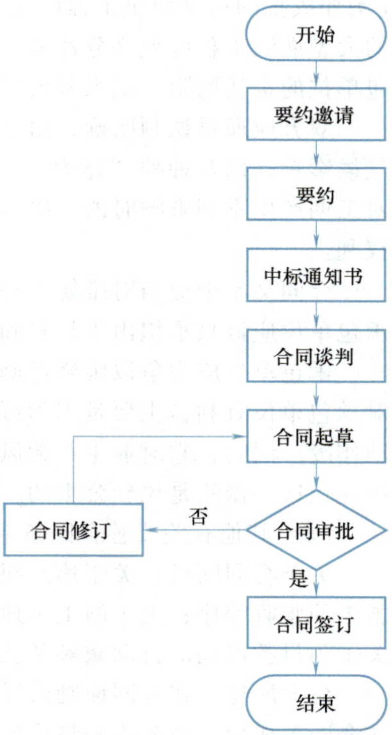

1. 合同谈判

建设工程合同的订立往往要经历一个较长的过程。在明确中标人并发出中标通知书后,招标人与中标人即可就建设工程施工合同的具体内容和有关条款展开谈判。

谈判的目的是将双方在此以前达成的协议具体化和条理化,对全部合同条款予以法律认证,为签署合同协议完成最后的准备工作。决标后的谈判一般来讲会涉及合同的商务和技术的所有条款,涉及的主要内容如下。

(1) 工程内容和范围的确认

招标人和中标人可就招标文件中的某些具体工作内容进行讨论、修改、明确或细化,从而确定工程承包的具体内容和范围。在谈判中双方达成一致的内容,包括在谈判讨论中经双方确认的工程内容和范围方面的修改或调整,应以文字方式确定下来,并以"合同补遗"或"会议纪要"方式作为合同附件,并明确它是构成合同的一部分。

(2) 技术要求、技术规范和施工技术方案

双方尚可对技术要求、技术规范和施工技术方案等做进一步讨论和确认,必要的情况下甚至可以变更技术要求或施工技术方案。

图 4-1 合同订立流程

(3) 价格调整条款

对于工期较长的建设工程,容易遭受货币贬值或通货膨胀等因素的影响,可能给承包单位造成较大损失。价格调整条款可以比较公正地解决这一承包单位无法控制的风险损失。

无论是单价合同还是总价合同,都可以确定价格调整条款,即是否调整以及如何调整等。可以说,合同计价方式以及价格调整方式共同确定了工程承包合同的实际价格,直接影响着承包单位的经济利益。在建设工程实践中,由于各种原因导致费用增加的概率远远大于费用减少的概率,有时最终的合同价格调整金额会很大,远远超过原定的合同总价,因此承包单位在投标过程中,尤其是在合同谈判阶段务必对合同的价格调整条款予以充分的重视。

(4) 合同款支付方式条款

建设工程施工合同的付款分四个阶段进行,即预付款、工程进度款、最终付款和退还质量保证金。关于支付时间、支付方式、支付条件和支付审批程序等有很多种可能的选择,并且可能对承包单位的成本、进度等产生比较大的影响,因此,合同支付方式的有关条款是谈判的重要方面。

(5) 工期和维修期

中标人与招标人可根据招标文件中要求的工期,或者根据投标人在投标文件中承诺的工期,并考虑工程范围和工程量的变动而产生的影响来商定一个确定的工期。同时,还要明确开工日期、竣工日期等。双方可根据各自的项目准备情况、季节和施工环境因素等条件洽商适当的开工时间。

对于具有较多的单项工程的建设工程项目,可在合同中明确允许分部位或分批提交验收

（例如成批的房屋建筑工程应允许分栋验收；分多段的公路维修工程应允许分段验收；分多片的大型灌溉工程应允许分片验收等），并从该批验收时起开始计算该部分的维修期，以缩短承包单位的责任期限，最大限度保障自己的利益。

双方应通过谈判明确，由于工程变更（如在工程实施中增减工程或改变设计等）、恶劣的气候影响，以及种种"作为一个有经验的承包单位无法预料的工程施工条件的变化"等原因对工期产生不利影响时的解决办法，通常在上述情况下应该给予承包单位要求合理延长工期的权利。

合同文本中应当对维修工程的范围、维修责任及维修期的开始和结束时间有明确的规定，承包单位应该只承担由于材料和施工方法及操作工艺等不符合合同规定而产生的缺陷。

承包单位应力争以维修保函来代替业主扣留的质量保证金。与质量保证金相比，维修保函对承包单位有利，主要是因为可提前取回被扣留的现金，而且维修保函是有时效的，期满将自动作废。同时，它对业主并无风险，真正发生维修费用，业主可凭维修保函向银行索回款项，因此，这一做法是比较公平的。维修期满后，承包单位应及时从业主处撤回维修保函。

（6）其他有关改善合同条款的问题

关于合同图纸；关于违约罚金和工期提前奖金；关于工程量验收以及衔接工序和隐蔽工程施工的验收程序；关于施工占地；关于向承包单位移交施工现场和基础资料；关于工程交付；关于预付款保函的自动减额条款等。

综上所述，在合同谈判阶段，中标人与招标人应尽量解决分歧或争议，并形成一致意见。在合同形成后，要解决分歧或争议往往是通过对合同的解释或借助第三方力量来解决。

2. 合同起草

（1）合同内容

合同的内容由当事人约定。合同内容须符合法律法规、企业管理制度的要求，涉及国家保密事项或企业商业秘密的，应当在合同中规定保密条款；涉及工程施工、工程监理、电力改造等需要明确安全生产责任的，应当包含安全生产条款；涉及信息安全的，应当包含信息安全条款。必要时，合同中可将保密约定、安全生产约定、信息安全约定作为合同单独附件；涉及软件开发、商标设计、其他设计及研发等知识产权的合同，应当规定知识产权条款，对知识产权权益归属等问题做出明确约定。

（2）合同条款

当事人可以参照各类合同的示范文本订立合同，合同一般应当包括以下条款：

1）合同名称、合同各当事人的全称、法定地址、签约日期、签约地点。

2）合同标的、数量、质量、技术规范及相关要求。

3）合同价款或者报酬、税费、付款方式、合同收款方账户名称、开户银行和银行账号等信息。

4）合同的履行期限、地点和方式。

5）验收的标准和方法。

6）关于合同变更、转让和终止的约定。

7）违约责任、解决争议的方法。

8）合同的份数。

9）对于合同正文中不便于详细描述的内容，应当以附件形式进行明确，包括详细的合同标的、服务标准和考核标准等，并对合同的附件及其效力予以说明。

10）各方当事人的签字及盖章。

11）法律法规规定或合同当事人约定的其他条款。

（3）合同起草原则

合同文本应当真实、准确、完整地反映经济事项所涉及的各方权利和义务，合同应统一使用中文订立，合同中的外国文字、技术名称缩写或特殊符号应注明中文名称或解释。

（4）建设工程合同文件优先解释顺序

合同文件应能相互解释，互为说明。除专用条款另有约定外，组成本合同的文件及优先解释顺序如下：

1）本合同协议书。

2）中标通知书。

3）投标书及其附件。

4）本合同专用条款。

5）本合同通用条款。

6）标准、规范及有关技术文件。

7）图纸。

8）工程量清单。

9）工程报价单或预算书。

3. 合同审批

（1）审批原则

同一合同当事人、同一事项应当签署一个合同，不得为了规避审批拆分合同，同时应按照"一个合同，一个审批表"的原则进行合同审批。

（2）审核内容

经审核批准后，方能正式签订合同。合同审批过程中主要的审核内容包括：合同的合法性、经济性、技术性、价款或结算的合理性等。

4. 合同签订

签订合同必须由当事双方法定代表人或其授权人签署，并加盖当事双方合同专用章，加盖合同专用章的抬头与合同书中对方当事人名称一致。

除合同中另有约定外，合同在各方当事人签字并盖章后生效。根据法律法规规定，合同生效需要向相关政府机构报批、备案或需要进行公证的，须按规定办理相关手续。

5. 合同的委托授权

合同应由公司法定代表人审批、签署。法定代表人可授权相关人员进行审批、签署。如合同由被授权人签字的，应将授权文件作为合同附件一并装订在合同文本中。

4.2.3　合同的履行

合同履行是指合同规定义务的执行。任何合同规定义务的执行，都是合同的履行行为；相应地，凡是不执行合同规定义务的行为，都是合同的不履行。因此，合同的履行表现为各方当事人全面履行各自义务，实现各自的权利，当合同义务执行完毕时，合同也就履行完毕。

各方当事人应当严格按照法律法规和合同约定，及时行使合同权利，按时履行合同义务，并负责妥善保管合同履行过程中的各项文件资料。根据业务事项的合同约定、项目进度、实际工作量、考评结果等内容，履行合同结算与支付相应款项。

各方当事人建立合同履行监控机制，对合同履行情况进行检查，若发现对方当事人有拒绝履行合同或不按约定履行合同的情形时，应当及时向对方当事人提出书面异议，积极主张合同权利，采取有效补救措施，根据合同约定妥善解决问题。

4.2.4 合同的变更及解除

1. 合同变更

合同变更是指当事人对已经发生法律效力，但尚未履行或者尚未完全履行的合同，进行修改或补充所达成的行为。合同的变更范围很广，一般在合同签订后，所有涉及对工程范围、进度、工程质量要求、合同条款内容、合同双方权利与义务的变化都可以被看作合同变更，最常见的两种变更：

1) 涉及合同条款的变更，即合同条件和合同协议书所定义的双方责权利关系，或一些重大问题的变更。

2) 工程变更，即工程的数量、质量、性质、功能、施工工序和实施方案的变化。

合同变更后，原合同债消灭，新合同债产生，当事人须按变更后的合同履行。

2. 合同解除

合同解除，是指合同当事人一方或者双方依照法律规定或者当事人的约定，依法解除合同效力的行为。《中华人民共和国民法典》规定，有下列情形之一的，当事人可以解除合同：

1) 因不可抗力致使不能实现合同目的。不可抗力致使合同目的不能实现，该合同失去意义，应归于消灭。

2) 在履行期限届满前，当事人一方明确表示或者以自己的行为表明不履行主要债务。此即债务人拒绝履行，也称毁约。

3) 当事人一方迟延履行主要债务，经催告后在合理期限内仍未履行。此即债务人迟延履行。根据合同的性质和当事人的意思表示，履行期限在合同的内容中非属特别重要时，即使债务人在履行期届满后履行，也不致使合同目的落空。在此情况下，原则上不允许当事人立即解除合同，而应由债权人向债务人发出履行催告，给予一定的履行宽限期。债务人在该履行宽限期届满时仍未履行的，债权人有权解除合同。

4) 当事人一方迟延履行债务或者有其他违约行为致使不能实现合同目的。对某些合同而言，履行期限至为重要，如债务人不按期履行，合同目的即不能实现，于此情形，债权人有权解除合同。其他违约行为致使合同目的的不能实现时，也应如此。

5) 法律规定的其他情形。合同解除后，尚未履行的，终止履行；已经履行的，根据履行情况和合同性质，当事人可以请求恢复原状或者采取其他补救措施，并有权请求赔偿损失。

合同变更或合同解除，合同双方当事人应友好协商，重新达成变更或解除合同的书面协议，签订补充协议或终止协议，并说明原涉及合同的名称、编号、变更原因、变更条款、解除原因等情况。

4.2.5 合同争议处理

合同争议是指合同当事人对于自己与他人之间的权利行使、义务履行与利益分配有不同的观点、意见、请求的法律事实。

合同争议发生于合同的订立、履行、变更、解除以及合同权利的行使过程

合同争议处理

之中。如果某一争议虽然与合同有关系，但不是发生于上述过程之中，就不构成合同争议。合同争议的内容主要表现在争议主体对于导致合同法律关系产生、变更与消灭的法律事实以及法律关系的内容有着不同的观点与看法。

合同争议的处理方法主要包括和解、调解、仲裁和诉讼四种。

1. 和解

和解是指合同纠纷当事人在自愿友好的基础上，互相沟通、互相谅解，从而解决纠纷的一种方式。

合同纠纷时，当事人应首先考虑通过和解解决纠纷，因为和解解决纠纷有如下优点：

1）方便易行，能经济、及时地解决纠纷。

2）有利于维护合同双方的合作关系，使合同能更好地得到履行。

3）有利于和解协议的执行。

2. 调解

调解是指合同当事人对合同所约定的权利、义务发生争议，经过和解后，不能达成和解协议时，在经济合同管理机关或有关机关、团体等的主持下，通过对当事人进行说服教育，促使双方互相做出适当的让步，平息争端，自愿达成协议，以求解决经济合同纠纷的方法。

3. 仲裁

仲裁，亦称"公断"，是当事人双方在争议发生前或争议发生后达成协议，自愿将争议交给第三者做出裁决，并负有自动履行义务的一种解决争议的方式。这种争议解决方式必须是自愿的，因此必须有仲裁协议。如果当事人之间有仲裁协议，争议发生后又无法通过和解和调解解决，则应及时将争议提交仲裁机构仲裁。

4. 诉讼

诉讼，是指合同当事人依法请求人民法院行使审判权，审理双方之间发生的合同争议，做出有国家强制保证实现其合法权益、从而解决纠纷的审判活动。合同双方当事人如果未约定仲裁协议，则只能以诉讼作为解决争议的最终方式。

4.3 合同管理内容

合同管理的主要内容有：根据项目的特点和要求确定设计任务委托模式和施工任务承包模式（合同结构）、选择合同文本、确定合同计价方法和支付方法、合同履行过程的管理与控制、合同索赔等。

4.3.1 勘察合同

合同管理内容

建设工程勘察合同是指根据建设工程的要求，查明、分析、评价建设场地的地质地理环境特征和岩土工程条件，编制建设工程勘察文件的协议。

为规范工程勘察市场秩序，维护工程勘察合同当事人的合法权益，住房和城乡建设部、工商行政管理总局制定了《建设工程勘察合同（示范文本）》（GF-2016-0203）。

1. 发包人的责任

1）在勘察现场范围内，不属于委托勘察任务而又没有资料、图纸的地区，发包人应负责查清地下埋藏物。若因未提供上述资料、图纸，或提供的资料图纸不可靠、地下埋藏物不清，致使勘察人在勘察工作过程中发生人身伤害或造成经济损失的，由发包人承担民事责任。

2）若勘察现场需要看守，特别是在有毒、有害等危险现场作业时，发包人应派人负责安全保卫工作，按国家有关规定，对从事危险作业的现场人员进行保健防护，并承担费用。

3）向勘察人提交资料及文件，并对其完整性、正确性负责。

4）勘察过程中的任何变更，经办理变更手续后，发包人应按实际发生的工作量支付勘察费。

5）发包人应为勘察人提供的现场工作条件，可能包括：落实土地征用、青苗树木赔偿、拆除地上地下障碍物、处理施工扰民及影响施工正常进行的有关问题、平整施工现场、修好通行道路、接通电源水源、挖好排水沟渠以及水上作业用船等。

6）发包人要求勘察人比合同规定时间提前提交勘察文件时，发包人应支付赶工费。

7）未经勘察人同意，发包人不得复制、泄露、修改、传送或向第三人转让或用于合同外的项目。

2. 勘察人的责任

1）勘察人应按照国家技术规范、标准、规程和发包人的技术规范向发包人交付勘察成果资料。

2）勘察人提供的勘察成果资料质量不合格，应无偿负责补充完善，若勘察人无力补充完善，使得发包人另行委托其他单位的，勘察人应承担全部勘察费用。因勘察质量造成重大经济损失或工伤事故的，勘察人应负法律责任并免收受损失部分的勘察费，并支付赔偿金，赔偿金由发包人、勘察人在合同中约定。

3）勘察过程中，勘察人根据工作现场的地形地貌、地质、水文条件及技术规范要求，向发包人提出变更需求，并办理变更手续。

3. 勘察费的支付与结算

为了贯彻落实《国务院办公厅转发建设部等部门关于工程勘察设计单位体制改革若干意见的通知》（国办发〔1999〕101号），调整工程勘察设计收费标准，规范工程勘察设计收费行为，原国家计划发展委员会和原建设部制定了《工程勘察设计收费标准》，并于2002年1月7日发布，自2002年3月1日起施行。

《工程勘察设计收费标准》以政府指导价为主，市场调节价为辅，改革了定价机制，加大了市场调节的力度。主要体现在：建设项目总投资估算额500万元以下的工程勘察和工程设计收费实行市场调节价；建设项目总投资估算额500万元及以上的工程勘察和工程设计收费实行政府指导价，可以上下浮动40%。

4. 违约责任

（1）发包人的违约责任

由于发包人未给勘察人提供必要的工作生活条件而造成停、窝工或来回进出场地，发包人除应付给勘察人停、窝工费（金额按预算的平均工日产值计算），工期按实际工日顺延外，还应付给勘察人来回进出场地和调遣费。

合同履行期间，由于工程停建而终止合同或发包人要求解除合同时，勘察人未进行勘察工作的，不退还发包人已付定金；已进行勘察工作的，完成的工作量在50%以内时，发包人应向勘察人支付预算额50%的勘察费；完成的工作量超过50%时，则应向勘察人支付预算额100%的勘察费。

发包人未按合同规定时间（日期）拨付勘察费，每超过一日，应偿付未支付勘察费的0.1%逾期违约金。发包人不履行合同时，无权要求返还定金。

（2）勘察人的违约责任

由于勘察人原因造成勘察成果资料质量不合格，不能满足技术要求时，其返工勘察费用由勘察人承担。

由于勘察人原因未按合同规定时间（日期）提交勘察成果资料，每超过一日，应减收勘察费0.1%。勘察人不履行合同时，双倍返还定金。

4.3.2 设计合同

建设工程设计合同是指根据建设工程的要求，对建设工程所需的技术、经济、资源、环境等条件进行综合分析、论证，编制建设工程设计文件的协议。

为规范工程设计市场秩序，维护工程设计合同当事人的合法权益，住房和城乡建设部、工商行政管理总局制定了《建设工程设计合同示范文本（房屋建筑工程）》（GF-2015-0209）、《建设工程设计合同示范文本（专业建设工程）》（GF-2015-0210）。

1. 发包人的责任

1）在规定的时间内向设计人提交资料及文件，并对其完整性、正确性及时限负责，发包人不得要求设计人违反国家有关标准进行设计。发包人提交上述资料及文件超过规定期限15天以内，设计人按合同规定交付设计文件时间顺延；超过规定期限15天以上时，设计人员有权重新确定提交设计文件的时间。

2）发包人变更委托设计项目、规模、条件或因提交的资料错误，或所提交资料做较大修改，以致造成设计人设计需返工时，双方除需另行协商签订补充协议（或另订合同）、重新明确有关条款外，发包人应按设计人所耗工作量向设计人增付设计费。在未签合同前发包人已同意，设计人为发包人所做的各项设计工作，应按收费标准，支付相应设计费。

3）发包人要求设计人比合同规定时间提前交付设计资料及文件时，如果设计人能够做到，发包人应根据设计人提前投入的工作量，向设计人支付赶工费。

4）发包人应为派赴现场处理有关设计问题的工作人员，提供必要的工作生活及交通等方便条件。

5）发包人应保护设计人的投标书、设计方案、文件、资料图纸、数据、计算软件和专利技术。未经设计人同意，发包人对设计人交付的设计资料及文件不得擅自修改、复制或向第三人转让或用于合同外的项目，如发生以上情况，发包人应负法律责任，设计人有权向发包人提出索赔。

2. 设计人的责任

1）设计人应按国家技术规范、标准、规程及发包人提出的设计要求，进行工程设计，按合同规定的进度要求提交质量合格的设计资料，并对其负责。

2）设计人按合同约定的内容、进度及份数向发包人交付资料及文件。

3）设计人交付设计资料及文件后，按规定参加有关的设计审查，并根据审查结论负责对不超出原定范围的内容做必要调整补充。设计人按合同规定时限交付设计资料及文件，本年内项目开始施工，负责向发包人及施工单位进行设计交底、处理有关设计问题和参加竣工验收。在一年内项目尚未开始施工，设计人仍负责上述工作，但应按所需工作量向发包人适当收取咨询服务费，收费额由双方商定。

4）设计人应保护发包人的知识产权，不得向第三人泄露、转让发包人提交的产品图纸等技术经济资料。如发生以上情况并给发包人造成经济损失，发包人有权向设计人索赔。

3. 设计费的支付与结算

参照原国家计划发展委员会和原建设部制定的《工程勘察设计收费标准》，发包人支付设计人各阶段设计费。

4. 违约责任

（1）发包人违约责任

在合同履行期间，发包人要求终止或解除合同，设计人未开始设计工作的，不退还发包人已付的定金；已开始设计工作的，发包人应根据设计人已进行的实际工作量，不足50%时，按该阶段设计费的50%支付；超过50%时，按该阶段设计费的全部支付。

发包人应按合同约定的金额和时间向设计人支付设计费，每逾期支付一天，应承担支付金额0.2%的逾期违约金。逾期超过30天以上时，设计人有权暂停履行下阶段工作，并书面通知发包人。发包人的上级或设计审批部门对设计文件不审批或本合同项目停缓建，发包人须按合同约定支付设计费。

（2）设计人违约责任

设计人对设计资料及文件中出现的遗漏或错误负责修改或补充。由于设计人员错误造成工程质量事故损失，设计人除负责采取补救措施外，应免收直接受损失部分的设计费。损失严重的，根据损失的程度和设计人责任大小向发包人支付赔偿金。

由于设计人自身原因，延误了按合同规定的设计资料及设计文件的交付时间，每延误一天，应减收该项目应收设计费的0.2%。合同生效后，设计人要求终止或解除合同，设计人应双倍返还定金。

4.3.3 施工合同

建设工程施工合同是指发包方（建设单位）和承包方（施工人）为完成商定的施工工程，明确相互权利、义务的协议。

为规范建筑市场秩序，维护建设工程施工合同当事人的合法权益，住房和城乡建设部、工商行政管理总局制定了《建设工程施工合同（示范文本）》（GF-2017-0201）。

1. 发包人的责任

发包人的责任与义务有许多，最主要的有：

1）发包人应按照专用合同条款约定的期限、数量和内容向承包单位免费提供图纸，并组织承包单位、监理人和设计人进行图纸会审和设计交底。

2）对化石、文物的保护。发包人、监理人和承包单位应按有关政府行政管理部门要求对施工现场发掘的所有文物、古迹以及具有地质研究或考古价值的其他遗迹、化石、钱币或物品采取妥善的保护措施，由此增加的费用和（或）延误的工期由发包人承担。

3）出入现场的权利。发包人应根据施工需要，负责取得出入施工现场所需的批准手续和全部权利，以及取得因施工所需修建道路、桥梁以及其他基础设施的权利，并承担相关手续费用和建设费用。承包单位应协助发包人办理修建场内外道路、桥梁以及其他基础设施的手续。

4）场内外交通。发包人应提供场外交通设施的技术参数和具体条件，承包单位应遵守有关交通法规，严格按照道路和桥梁的限制荷载行驶，执行有关道路限速、限行、禁止超载的规定，并配合交通管理部门的监督和检查。场外交通设施无法满足工程施工需要的，由发包人负责完善并承担相关费用。发包人应提供场内交通设施的技术参数和具体条件，并应按照专用合同条款的约定向承包单位免费提供满足工程施工所需的场内道路和交通设施。因承包单位原因造成上述道路或交通设施损坏的，承包单位负责修复并承担由此增加的费用。

5）许可或批准。发包人应遵守法律，并办理法律规定由其办理的许可、批准或备案，包括但不限于建设用地规划许可证、建设工程规划许可证、建设工程施工许可证、施工所需临时用水、临时用电、中断道路交通、临时占用土地等许可和批准。发包人应协助承包人办理法律规定的有关施工证件和批件。因发包人原因未能及时办理完毕前述许可、批准或备案，由发包人承担由此增加的费用和（或）延误的工期，并支付承包单位合理的利润。

6）提供施工条件。发包人应负责提供施工所需要的条件，包括：将施工用水、电力、通信线路等施工所必需的条件接至施工现场内；保证向承包单位提供正常施工所需要的进入施工现场的交通条件；协调处理施工现场周围地下管线和邻近建筑物、构筑物、古树名木的保护工作，并承担相关费用。

7）资金来源证明及支付担保。发包人应在收到承包单位要求提供资金来源证明的书面通知后28天内，向承包单位提供能够按照合同约定支付合同价款的相应资金来源证明。除专用合同条款另有约定外，发包人要求承包单位提供履约担保的，发包人应当向承包单位提供支付担保。

8）发包人应按合同约定向承包单位及时支付合同价款。

9）发包人应按合同约定及时组织竣工验收。

10）发包人应与承包单位、由发包人直接发包的专业工程的承包单位签订施工现场统一管理协议，明确各方的权利义务。施工现场统一管理协议将作为专用合同条款的附件。

2. 承包单位的责任

承包单位在履行合同过程中应遵守法律和工程建设标准规范，并履行以下义务：

1）办理法律规定应由承包单位办理的许可和批准，并将办理结果书面报送发包人留存。

2）按法律规定和合同约定完成工程，并在保修期内承担保修义务。

3）按法律规定和合同约定采取施工安全和环境保护措施，办理工伤保险，确保工程及人员、材料、设备和设施的安全。

4）按合同约定的工作内容和施工进度要求，编制施工组织设计和施工措施计划，并对所有施工作业和施工方法的完备性和安全可靠性负责。

5）在进行合同约定的各项工作时，不得侵害发包人与他人使用公用道路、水源、市政管网等公共设施的权利，避免对邻近的公共设施产生干扰。承包单位占用或使用他人的施工场地，影响他人作业或生活的，应承担相应责任。

6）负责施工场地及其周边环境与生态的保护工作。

7）采取施工安全措施，确保工程及其人员、材料、设备和设施的安全，防止因工程施工造成的人身伤害和财产损失。

8）将发包人按合同约定支付的各项价款专用于合同工程，且应及时支付其雇用人员工资，并及时向分包人支付合同价款。

9）按照法律规定和合同约定编制竣工资料，完成竣工资料立卷及归档，并按专用合同条款约定的竣工资料的套数、内容、时间等要求移交发包人。

3. 施工费的支付与结算

（1）预付款的支付

预付款的支付按照专用合同条款约定执行，但至迟应在开工通知载明的开工日期7天前支付。预付款应当用于材料、工程设备、施工设备的采购及修建临时工程、组织施工队伍进场等。

除专用合同条款另有约定外，预付款在进度付款中同比例扣回。在颁发工程接收证书前，提前解除合同的，尚未扣完的预付款应与合同价款一并结算。

（2）工程进度款支付

除专用合同条款另有约定外，监理人应在收到承包单位进度付款申请单以及相关资料后 7 天内完成审查并报送发包人，发包人应在收到后 7 天内完成审批并签发进度款支付证书。

除专用合同条款另有约定外，发包人应在进度款支付证书或临时进度款支付证书签发后 14 天内完成支付，发包人逾期支付进度款的，应按照中国人民银行发布的同期同类贷款基准利率支付违约金。

4. 违约责任

（1）发包人违约责任

因发包人原因未能在计划开工日期前 7 天内下达开工通知；因发包人原因未能按合同约定支付合同价款；发包人违反合同约定，自行实施被取消的工作或转由他人实施；发包人提供的材料、工程设备的规格、数量或质量不符合合同约定，或因发包人原因导致交货日期延误或交货地点变更等情况；因发包人违反合同约定造成暂停施工；发包人无正当理由没有在约定期限内发出复工指示，导致承包单位无法复工。

（2）承包单位违约责任

承包单位不能按合同工期交工，施工质量达不到设计和合同指定的规范要求，或发生其他使合同无法履行的行为，承包单位须支付违约金；因承包单位原因造成劳资纠纷，给发包人造成损失的，承包单位应承担赔偿责任。

4.4 索赔管理

索赔是指在工程建设合同履行过程中，合同当事人一方因对方不履行或未能正确履行合同或者由于其他非自身因素而受到经济损失或权利损害，通过合同规定的程序向对方提出经济或时间补偿要求的行为。索赔是一种正当的权利要求，它是合同当事人之间一项正常的而且普遍存在的合同管理业务，是一种以法律和合同为依据的合情合理的行为。

索赔管理

4.4.1 索赔的起因

索赔可能由以下一个或几个方面引起。

1）合同对方违约，不履行或未能正确履行合同义务与责任。
2）合同错误，如合同条文不全、错误、矛盾等，设计图纸、技术规范错误等。
3）合同变更。
4）工程环境变化，包括法律、物价和自然条件的变化等。
5）不可抗力因素，如恶劣气候条件、地震、洪水、战争状态等。

4.4.2 索赔的分类

按照索赔目的和要求，将索赔分为两类，具体如下。

1）费用索赔，即要求补偿经济损失，调整合同价格。
2）工期索赔，一般指承包单位向业主或者分包人向承包单位要求延长工期。

4.4.3 索赔的程序

1）索赔事件发生后 28 天内，向监理工程师发出索赔意向通知。

2）发出索赔意向通知后的 28 天内，向监理工程师提交补偿经济损失和（或）延长工期的索赔报告及有关资料。

3）监理工程师在收到承包单位送交的索赔报告和有关资料后，于 28 天内给予答复。

4）监理工程师在收到承包单位送交的索赔报告和有关资料后，28 天内未予答复或未对承包单位做进一步要求，视为该项索赔已经认可。

5）当该索赔事件持续进行时，承包单位应当阶段性向监理工程师发出索赔意向通知。在索赔事件终了后 28 天内，向监理工程师提供索赔的有关资料和最终索赔报告。

4.4.4 索赔费用的组成

索赔费用的组成与建筑安装工程造价的组成类似，一般包括以下几个方面。

1. 人工费

人工费是指列入概算定额的直接从事建筑安装工程施工的生产工人和附属辅助生产单位的工人开支的各项费用。在索赔费用中还包括增加工作内容的人工费、停工损失费和工作效率降低的等损失费的累计。其中，增加工作内容的人工费应按照计日工费计算，而停工损失费和工作效率降低的损失费按窝工费计算，窝工费的标准双方应在合同中设定。

2. 设备费

设备费可采用机械台班费、机械折旧费、设备租赁费等几种形式。当工作内容增加引起的设备费索赔时，设备费的标准按照机械台班费计算。因窝工引起的设备费索赔，当施工机械属于施工企业自有时，按照机械折旧费计算索赔费用；当施工机械是企业从外部租赁时，索赔费用的标准按照设备租赁费计算。

3. 材料费

材料费的索赔包括：由于索赔事项材料实际用量超过计划用量而增加的材料费；由于客观原因材料价格大幅度上涨；由于非承包单位责任工程延期导致的材料价格上涨和超期储存的费用。材料费中应包括运输费、仓储费，以及合理的损耗费用。如果由于承包单位管理不善，造成材料损坏失效，则不能列入索赔计价。承包单位应该建立健全物资管理制度，记录建筑材料的进货日期和价格，以便索赔时能准确地分离出索赔事项所引起的材料额外耗用量。为了证明材料单价的上涨，承包单位应提供可靠的订货单、采购单，或官方公布的材料价格调整指数。

4. 管理费

此项可分为现场管理费和企业管理费两部分。索赔款项中的现场管理费是指承包单位完成额外工程、索赔事项工作以及工期延长期间的现场管理费，包括管理人员工资、办公、通信、交通费等。索赔款中的企业管理费主要指的是工程延期间所增加的管理费，包括总部职工工资、办公大楼、办公用品、财务管理、通信设施以及企业领导人员赴工地检查指导工作等开支。

5. 利润

一般来说，由于工程范围的变更、文件有缺陷或技术性错误、业主未能提供现场等引起的索赔，承包单位可列入利润。但对于工程暂停的索赔，由于利润通常是包括在每项实施工程内容的价格之内，而延长工期并未影响削减某些项目的实施，也未导致利润减少。所以，一般监理工程师很难同意在工程暂停的费用索赔中加进利润损失。索赔利润的款额计算通常是与原报价单中的利润百分率保持一致。

6. 延迟付款利息

发包人未按约定时间进行付款的,应按银行同期贷款利率支付延迟付款的利息。

4.4.5 工期索赔的分析

工期索赔的分析包括延误原因分析、延误责任的界定、网络计划(CPM)分析、工期索赔的计算等。

运用网络计划(CPM)方法分析延误事件是否发生在关键线路上,以决定延误是否可以索赔。在工期索赔中,一般只考虑对关键线路上的延误或者非关键线路因延误而变为关键线路时才给予顺延工期。

4.5 案例

某工程项目采用了固定单价施工合同。工程招标文件参考资料中提供的用砂地点距工地4km。但是开工后,检查该砂质量不符合要求,承包单位只得从另一距工地20km的供砂地点采购。而在一个关键工作面上又发生了4项临时停工事件:

事件1:5月20日—5月26日承包单位的施工设备出现了从未出现过的故障。

事件2:应于5月24日交给承包单位的后续图纸直到6月10日才交给承包单位。

事件3:6月7日—6月12日施工现场下了罕见的特大暴雨。

事件4:6月11日—6月14日的该地区的供电全面中断。

问题:

1)承包单位的索赔要求成立的条件是什么?

2)由于供砂距离的增大,必然引起费用的增加,承包单位经过仔细认真计算后,在业主指令下达的第3天,向业主的造价工程师提交了将原用砂单价每立方米提高5元人民币的索赔要求。该索赔要求是否成立?为什么?

3)若承包单位对因业主原因造成窝工损失进行索赔时,要求设备窝工损失按台班价格计算,人工的窝工损失按日工资标准计算是否合理?如不合理应怎样计算?

4)承包单位按规定的索赔程序针对上述4项临时停工事件向业主提出了索赔,试说明每项事件工期和费用索赔能否成立?为什么?

5)试计算承包单位应得到的工期和费用索赔是多少(如果费用索赔成立,则业主按2万元人民币/天补偿给承包单位)?

6)在业主支付给承包单位的工程进度款中是否应扣除因设备故障引起的竣工拖期违约损失赔偿金?为什么?

参考答案:

问题1):承包单位的索赔要求成立必须同时具备如下四个条件:①与合同相比较,已造成了实际的额外费用和(或)工期损失;②造成费用增加和(或)工期损失的原因不是由于承包单位的过失;③造成的费用增加或工期损失不是应由承包单位承担的风险;④承包单位在事件发生后的规定时间内提出了索赔的书面意向通知和索赔报告。

问题2):不成立,因为承包单位应对自己就招标文件的解释负责,应对自己报价的正确性与完备性负责；作为一个有经验的承包单位可以通过现场踏勘确认招标文件参考资料中提供的用砂质量是否合格，若承包单位没有通过现场踏勘发现用砂质量问题，其相关风险应由承包单位承担。

问题3）：不合理。因窝工闲置的设备按折旧费或停滞台班费或租赁费计算，不包括运转费部分；人工费损失应考虑这部分工作的工人调做其他工作时工效降低的损失费用；一般用工日单价×测算的降效系数计算这一部分损失，而且只按成本费用计算，不包括利润。

问题4）：事件1的工期和费用索赔均不成立，因为设备故障属于承包单位应承担的风险。事件2的工期和费用索赔均成立，因为延误图纸属于业主应承担的风险。事件3的特大暴雨属于双方共同的风险，工期索赔成立，设备和人工的窝工费索赔不成立。事件4的工期和费用索赔均成立，因为停电属于业主应承担的风险。

问题5）：事件2，5月27日—6月9日，工期索赔14天，费用索赔14天×2万元/天=28万元。事件3，6月10日—6月12日，工期索赔3天。事件4，6月13日—6月14日，工期索赔2天，费用索赔2天×2万元/天=4万元。合计：工期索赔19天，费用索赔32万元。

问题6）：不应扣除，因为工程进度拖延不等于竣工工期的延误，承包单位可以通过调整施工方案来保证工期顺利完成，工期提前奖励或拖期罚款应在竣工时处理。

本章小结

本章知识点见表4-1。

表 4-1 本章知识点

序号	知识点	内容
1	合同	合同是两个以上法律地位平等的当事人意思表示一致的协议，包括但不限于各类合同以及具有合同性质的订单、意向书、备忘录、框架协议等具有法律效力的文件
2	建设工程合同类型	固定价格合同、可调价格合同、成本加酬金合同
3	合同管理	合同管理是指企业对以自身为当事人的合同依法进行起草、审批、签订、履行、变更、解除、争议处理、终止等活动的总称
4	索赔费用的组成	人工费、设备费、材料费、管理费、利润、延迟付款利息

习题

1. 简述合同管理应当遵循的原则。
2. 简述建设工程合同的类型。
3. 简述施工合同的主要内容。
4. 简述合同索赔的原因。

第 5 章　通信工程项目造价控制

随着信息技术的不断发展，通信工程建设的规模在不断地扩大。通信工程项目建设为我国的信息生活质量的改善做出了巨大的贡献。在通信工程建设中，只有充分地做好工程造价控制，对影响工程造价的因素进行研究，采取有效的造价控制措施，才能够保证通信工程取得良好的经济效益和社会效益。

学习要点
- 工程造价。
- 通信工程造价控制。
- 通信工程项目不同阶段的造价控制。

素养目标
- 学习工程造价的含义、特点、构成、方法，强化成本意识。
- 学习通信工程建设程序、造价控制的概念及内容、不同阶段的造价控制，提高造价控制意识。

5.1　工程造价概述

工程造价（Project Costs，PC）是指构成项目在建设期预计或实际支出的建设费用。

5.1.1　工程造价的含义

工程造价是指建设工程产品的建造价格，工程造价本质上属于价格范畴。由于所处的角度不同，工程造价有不同的含义。

工程造价的含义

第一种含义：从投资者的角度分析，工程造价是指进行某项工程建设花费的全部费用，即该工程项目有计划地进行固定资产再生产、形成相应无形资产和铺底流动资金的一次性费用总和。投资者选定一个项目后，就要通过项目评估进行决策，然后进行设计招标、工程招标，直到竣工验收等一系列投资管理活动。在投资活动中所支付的全部费用形成了固定资产和无形资产，所有这些开支就构成了工程造价。从这个意义上说，工程造价就是工程投资费用，建设项目工程造价就是建设项目固定资产投资，即工程造价与建设工程项目固定资产投资在量上是等同的。

第二种含义：从市场交易的角度分析，工程造价是指工程价格，即为建成一项工程，预计或实际在土地市场、设备市场、技术劳务市场等交易活动中所形成的建筑安装工程的价格和建设工程总价格。显然，工程造价的第二种含义是以社会主义商品经济和市场经济为前提。它以工程这种特定的商品形成作为交换对象,通过招投标、承发包或其他交易形成,在进行多次性预估的基础上,最终由市场形成的价格。通常是把工程造价的第二种含义认定为工程承发包价格。

工程造价的两种含义实质上就是从不同角度把握同一事物的本质。以建设工程的投资者来说工程造价就是项目投资,是"购买"项目付出的价格;同时也是投资者在作为市场供给主体时"出售"项目时定价的基础。对于承包单位来说,工程造价是他们作为市场供给主体出售商品和劳务的价格的总和,或是特指范围的工程造价,如建筑安装工程造价。

5.1.2 工程造价的计价特点

建设工程造价反映建设工程的价值,并受市场供求关系的影响,它除了具有商品价格这一共同特征以外,还具有其自身的特点。

1. 单件性计价

每一项建设工程都具有其特定的用途,即使是用途相同的建设工程,其建筑结构、工艺布置及技术要求也有差别。同时,建设工程受地区自然、地理条件、社会习惯及各种价值要素的影响,其工程造价也会有所不同。因此,建设工程不能规定统一的价格,各个项目只能分别计算造价。

2. 多次性计价

建设工程生产过程周期长,需按一定的程序开展,工程计价也需要在不同的阶段多次进行,这反映了建设工程多次计价的特点,具体如图5-1所示。

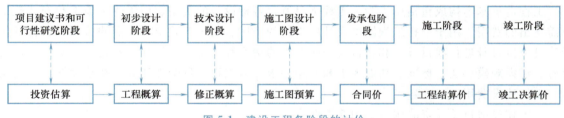

图 5-1 建设工程各阶段的计价

1)投资估算,是指在项目建议书和可行性研究阶段,通过编制估算文件预先测算和确定的工程造价。投资估算是建设项目进行决策、筹集资金和合理控制造价的主要依据。

2)工程概算,是指在初步设计阶段,根据设计意图,通过编制工程概算文件预先测算和确定的工程造价。与投资估算造价相比,概算造价的准确性有所提高,但受估算造价的控制。

3)修正概算,是指在技术设计阶段,根据技术设计的要求,通过编制修正概算文件,预先测算和确定的工程造价。修正概算是对初步设计阶段的概算造价的修正和调整,比概算造价准确,但受概算造价控制。

4)施工图预算,是指在施工图设计阶段,根据施工图纸,通过编制预算文件、预先测算和确定的工程造价。预算造价比概算造价或修正概算造价更为详细和准确,但要受概算造价的控制。

5)合同价,是指在工程发承包阶段通过签订总承包合同、建筑安装工程承包合同、设备材料采购合同,以及技术和咨询服务合同所确定的价格。合同价属于市场价格,它是由发承包双方根据市场行情通过招标投标等方式达成一致、共同认可的成交价格。

6)工程结算价,是指按合同调价范围和调价方法,对实际发生的工程量增减、设备和材料价差等进行调整过后计算和确定的价格，工程结算价反映的是工程项目实际造价。

7）竣工决算价，是指工程竣工决算阶段，以实物数量和货币指标为计算单位，综合反映竣工项目从筹建开始到项目竣工交付使用为止的全部建设费用。

3. 组合性计价

任何一个建设项目都可以分解为一个或几个单项工程，任何一个单项工程可以分解为一个或几个单位工程，单位工程可以按照结构部位、路段长度、施工特点及施工任务分解为一个或几个分部工程，把分部工程按照不同的施工方法、材料、工序及路段长度等，划分为更为简单细小的分项工程。分解到分项工程后还可以根据需要进一步划分或组合为定额项目或清单项目，这样就可以得到基本构造单元了。

工程造价计价的主要思路就是将建设项目细分至最基本的构造单元，找到适当的计量单位及当时当地的单价，就可以采取一定的计价方法，进行分部组合汇总，计算出相应工程造价。工程造价的计价顺序：分部分项工程造价→单位工程造价→单项工程造价→建设项目总造价。

5.1.3 工程造价的构成

建设项目总投资是为完成工程项目建设并达到使用要求或生产条件，在建设期内预计或实际投入的全部费用综合。生产性建设项目总投资包括建设投资、建设期利息和流动资金三部分；非生产性建设项目总投资包括建设投资和建设期利息两部分。其中建设投资和建设期利息之和对应于固定资产投资，固定资产投资与建设项目的工程造价在量上相等。

工程造价基本构成包括用于购买工程项目所含各种设备的费用、用于建筑施工和安装施工所需支出的费用、用于委托工程勘察设计应支付的费用、用于购置土地所需的费用，也包括用于建设单位自身进行项目筹建和项目管理所花费的费用等。总之，工程造价是按照确定的建设内容、建设规模、建设标准、功能要求和使用要求等将工程项目全部建成，在建设期预计或实际支出的建设费用。

我国建设项目总投资的构成如图 5-2 所示。

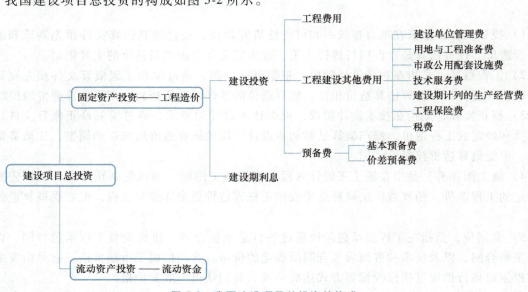

图 5-2 我国建设项目总投资的构成

5.1.4 工程造价的确定依据

工程计价标准和依据主要包括计价活动的相关规章规程、工程定额、工程量清单计价和计量规范和工程造价信息。

1）计价活动的相关规章规程。现行计价活动相关的规章规程主要包括建筑工程发包与承包计价管理办法、建设项目投资估算编审规程、建设项目设计概算编审规程、建设项目施工图预算编审规程等。

2）工程定额。工程定额主要指按照国家有关的产品标准、设计规范和施工验收规范、质量评定标准，并参考行业、地方标准以及有代表性的工程设计、施工资料确定的工程建设过程中完成规定计量单位产品所消耗的人工、材料、机械等的标准。

3）工程量清单计价和计量规范。工程量清单计价方法相对于传统的定额计价方法是一种新的计价模式，是一种市场定价模式，是由建设产品的买方和卖方在建设市场上根据供求状况、信息状况进行自主竞价，从而最终能够签订工程合同价格的方法。

4）工程造价信息。工程造价信息主要包括价格信息、工程造价指数和已完工程信息等。

5.1.5 工程造价的计价方法

工程造价的计价方法有概预算定额计价法和工程量清单计价法。

1. 概预算定额计价法

概预算定额计价采用工料单价法。国家以假定的建筑安装产品为对象，制定统一的预算和概算定额，然后按概预算定额规定的分部分项子目，逐项计算工程量，套用概预算定额单价，计算工程概预算价值。

工程概预算单位价格的形成过程，就是依据概预算定额所确定的消耗量乘以定额单价，经过不同层次的计算形成相应造价的过程。按国家统一的预算定额计算工程量，计算出的工程造价实际是社会平均水平。

2. 工程量清单计价法

工程量清单计价的基本原理可以描述为：按照工程量清单计价规范规定，在各相应专业工程计量规范规定的工程量清单项目设置和工程量计算规则基础上，针对具体工程的施工图纸和施工组织设计计算出各个清单项目的工程量，根据规定的方法计算出综合单价，并汇总各清单合计价得出工程总价。

通信建设工程工程量清单计价根据 GB 50500—2013《建设工程工程量清单计价规范》及 YD 5192—2009《通信建设工程量清单计价规范》，采用综合单价法，考虑风险因素，实行量价分离，依据统一的工程量计算规则，按照施工设计图纸和招标文件的规定，由企业自行编制。

工程量清单计价活动涵盖施工招标、合同管理以及施工交付全过程，主要包括编制招标工程量清单、招标控制价、投标报价、确定合同价、工程计量、价款支付、合同价款调整、工程结算和工程计价纠纷处理等活动。

5.2 工程造价控制

建设工程造价的有效控制是工程建设管理的重要组成部分。所谓工程造价控制，就是在投资决策阶段、设计阶段、施工阶段、把工程造价控制在批准的投资限额以内，随时纠正发生的偏差，以保证项目投资目标的实现，以求在建设工程中能合理使用人力、物力、财力，取得较好的投资效益和社会效益。

5.2.1 工程建设程序

建设程序是指建设项目从项目建议、可研、评估、决策、设计、施工到竣工验收、投入生产的整个建设过程中，各项工作必须遵循的先后顺序法则。通信工程建设程序具体如图5-3所示。

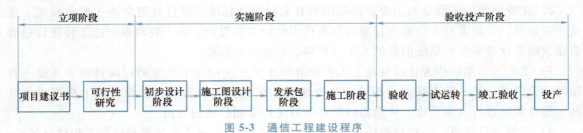

图 5-3 通信工程建设程序

5.2.2 工程造价控制的主要内容

在工程建设全过程各个不同阶段，工程造价控制有着不同的工作内容，其目的是在优化建设方案、设计方案、施工方案的基础上，有效地控制建设工程项目的实际费用支出。

1. 工程项目决策阶段

按照有关规定编制和审核投资估算，经有关部门批准，作为拟建工程项目策划决策的控制造价；基于不同的投资方案进行经济评价，作为工程项目决策的重要依据。

2. 工程设计阶段

在限额设计、优化设计方案的基础上编制和审核工程概算、施工图预算，作为拟建工程项目造价的最高限额。

3. 工程发承包阶段

在招投标阶段，编制和审核工程量清单、招标控制价或标底，确定投标报价及其策略，直至确定承包合同价。

4. 工程施工阶段

进行工程计量及工程款支付管理，实施工程费用动态监控，处理工程变更和索赔，编制和审核工程结算、竣工结算，处理工程保修费用等。

5.2.3 工程造价控制的基本原则

控制是为确保目标的实现而服务的，目标的设置应是严肃的、有科学依据的。

工程项目建设过程是一个长周期、大数量的生产消费过程，而建设者的经验知识是有限的，所以不可能在工程项目开始就能设置一个科学的、一成不变的造价控制目标，而只能设置一个大概的造价控制目标，这就是投资估算。随着工程建设实践、认识、再实践、再认识，投资控制目标一步步清晰、准确，这就是设计概算、设计预算、承包合同价和工程结算价等。

也就是说，建设工程造价控制目标的设置应是随着工程项目建设实践的不断深入而分阶段进行的。具体来讲，投资估算应是设计方案选择和进行初步设计的建设工程造价控制目标；设计概算应是进行技术设计和施工图设计的工程造价控制目标；施工图预算或建筑安装工程承包合同价则应是施工阶段的工程造价控制目标。造价控制目标是有机联系的整体，各阶段目标相互制约、相互补充，前者控制后者，后者补充前者，共同组成工程造价控制的目标系统。

实施有效的工程造价控制，应遵循以下三项原则。

1. 以设计阶段为重点的全过程造价管理

工程造价管理贯穿于工程建设全过程的同时，应注重工程设计阶段的造价管理。工程造价管理的关键在于前期决策和设计阶段，而在项目投资决策后，控制工程造价的关键就在于设计。建设工程全寿命期费用包括工程造价和工程交付使用后的日常开支费用（含经营费用、日常维护修理费用、使用期内大修理和局部更新费用）以及该工程使用期满后的报废拆除费用等。

长期以来，我国往往将控制工程造价的主要精力放在施工阶段——审核施工图预算、结算建筑安装工程价款，对工程项目策划决策阶段的造价控制重视不够。要有效地控制工程造价，就应将工程造价管理的重点转到工程项目策划决策和设计阶段。

2. 主动控制与被动控制相结合

长期以来，人们一直把控制理解为目标值与实际值的比较，以及当实际值偏离目标值时，分析其产生偏差的原因，并确定下一步的对策。在工程建设全过程中进行这样的工程造价控制当然是有意义的。但问题在于，这种立足于调查—分析—决策基础之上的偏离—纠偏—再偏离—再纠偏的控制是一种被动控制，因为这样做只能发现偏离，不能预防可能发生的偏离。为尽可能地减少以至避免目标值与实际值的偏离，还必须立足于事先主动地采取控制措施，实施主动控制。也就是说，工程造价控制不仅要反映投资决策，反映设计、发包和施工，被动地控制工程造价，更要能动地影响投资决策，影响工程设计、发包和施工，主动地控制工程造价。

3. 技术与经济相结合

要有效地控制工程造价，应从组织、技术、经济等多方面采取措施。从组织上采取的措施包括明确项目组织结构，明确造价控制者及其任务，明确管理职能分工；从技术上采取的措施包括重视设计多方案选择，严格审查监督初步设计、技术设计、施工图设计、施工组织设计，深入技术领域研究节约投资的可能性；从经济上采取的措施包括动态地比较造价的计划值和实际值，严格审核各项费用支出，采取对节约投资的有力奖励等。

应该看到，技术与经济相结合是控制工程造价最有效的手段。应通过技术比较、经济分析和效果评价，正确处理技术先进与经济合理两者之间的对立统一关系，力求在技术先进条件下的经济合理，在经济合理基础上的技术先进，将控制工程造价观念渗透到各项设计和施工技术措施之中。

5.2.4 工程造价控制的程序

要做好工程造价的过程管控，必须制定规范化的过程控制程序。工程造价控制的程序如图 5-4 所示。

1）确定造价控制分层次目标。在工程开工之初，应根据项目承包合同确定工程造价的计划目标值。

2）收集投资实际支出数据，监测造价形成过程。在施工过程中要定期收集反映支出情况的数据，并将实际发生情况与计划目标值进行对比，从而保证有效控制造价的整个形成过程。

工程造价控制的程序

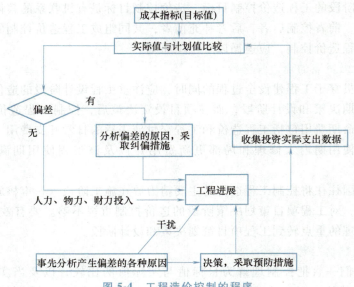

图 5-4　工程造价控制的程序

3）找出偏差，分析原因。施工过程是一个多工种、多方位立体交叉作业的复杂活动，造价的形成很难按预定的目标进行，因此，需要及时分析偏差产生的原因，分清是客观因素还是主观因素。

4）制定对策，纠正偏差。针对产生偏差的原因及时制定对策并予以纠正。

5）调整改进造价控制方法。用成本指标考核管理行为，用管理行为来保证成本指标，只有把成本指标的控制程序和管理行为的控制程序相结合，才能建立分专业的基准价参考标准，并作为工程建设造价管理的重要依据，从而保证造价控制工作有序且富有成效地进行。

5.3　通信工程项目不同阶段的造价控制

通信工程项目建设的不同阶段，项目造价控制的主要内容、目标也不一样。

5.3.1　通信工程项目决策阶段造价控制

项目决策是指投资者在调查分析、研究的基础上，选择和决定投资行动方案的过程，是对拟建项目的必要性和可行性进行技术经济论证，对不同建设方案进行技术经济比较并做出判断和决策的过程。项目决策的正确与否，直接关系到项目建设的成败，关系到工程造价的高低及投资效果的好坏。总之，项目投资决策是投资行为的准则，正确的项目投资行动来源于正确的项目投资决策，正确的决策是正确估算和有效控制工程造价的前提。

1. 项目决策与工程造价的关系

（1）项目决策的正确性是工程造价合理性的前提

项目决策正确，意味着对项目建设做出科学的决断，优选出投资行动方案，达到资源的合理配置，在此基础上合理地估算工程造价，并且在实施投资方案过程中，有效控制工程造价。项目决策失误，例如项目选择的失误、建设地点的选择错误，或者建设方案的不合理等会带来不必要的资金投入，甚至造成不可弥补的损失。因此，为达到工程造价的合理性，事先就要保证项目决策的正确性，避免决策失误。

（2）项目决策的内容是决定工程造价的基础

项目决策阶段是项目建设全过程的起始阶段，此阶段的工程计价对项目全过程的造价起着宏观控制的作用。项目决策阶段各项技术经济决策，对该项目的工程造价有重大影响，特别是建设标准的确定建设地点的选择、工艺的评选、设备的选用等，直接关系到工程造价的高低。据有关资料统计在项目建设各阶段中，项目决策阶段影响工程造价的程度，达到 70%~90%。因此，项目决策阶段是决定工程造价的基础阶段。

（3）项目决策的深度影响投资估算的精确度

投资决策是一个由浅入深、不断深化的过程，不同阶段决策的深度不同，投资估算的精度也不同。例如，在投资机会和项目建议书阶段，投资估算的误差率在+30%左右；而在详细可行性研究阶段误差率在+10%以内。在项目建设的各个阶段，通过工程造价的确定与控制，形成相应的投资估算、设计概算、施工图预算、合同价、结算价和竣工决算价，各造价形式之间存在着前者控制后者，后者补充前者的相互作用关系。因此，只有加强项目决策的深度，采用科学的估算方法和可靠的数据资料，合理地计算投资估算，才能保证其他阶段的造价被控制在合理范围，避免"三超"现象的发生，继而实现投资控制目标。

（4）工程造价的数额影响项目决策的结果

项目决策影响着项目造价的高低以及拟投入资金的多少，反之亦然。项目决策阶段形成的投资估算是进行投资方案选择的重要依据之一，同时也是决定项目是否可行及主管部门进行项目审批的参考依据。因此，项目投资估算的数额，从某种程度上也影响着项目决策。

2. 项目建议书与可行性研究报告

根据企业长期发展计划，组织编制项目建议书或可行性研究报告，进行投资估算。

（1）项目建议书

项目建议书（又称项目立项申请书或立项申请报告）由项目筹建单位或项目法人根据国民经济的发展、国家和地方中长期规划、产业政策、生产力布局、国内外市场、所在地的内外部条件，就某一具体新建、扩建项目提出的项目的建议文件，是对拟建项目提出的框架性的总体设想。它要从宏观上论述项目设立的必要性和可能性，把项目投资的设想变为概略的投资建议。

项目建议书往往是在项目早期，由于项目条件还不够成熟，仅有规划意见书，对项目的具体建设方案还不明晰，市政、环保、交通等专业咨询意见尚未办理。

（2）可行性研究报告

可行性研究报告是从事一种经济活动（投资）之前，双方要从经济、技术、生产、供销直到社会各种环境、法律等各种因素进行具体调查、研究、分析，确定有利和不利的因素、项目是否可行，估计成功率大小、经济效益和社会效果程度，为决策者和主管机关审批的上报文件。

可行性研究报告是在投资决策之前，对拟建项目进行全面技术经济分析的科学论证。在投资管理中，可行性研究要对拟建项目有关的自然、社会、经济、技术等进行调研、分析比较，并预测建成后的社会经济效益，在此基础上，综合论证项目建设的必要性，财务的营利性，经济上的合理性，技术上的先进性和适应性以及建设条件的可能性和可行性，从而为投资决策提供科学依据。

项目建议书主要论证项目建设的必要性，建设方案和投资估算也比较粗，投资误差为 20%

左右。项目建议书一般处于投资机会研究之后、可行性研究报告之前。可行性研究报告投资误差为10%左右。

3. 投资估算的编制

（1）投资估算的含义

投资估算是在投资决策阶段，以方案设计或可行性研究文件为依据，按照规定的程序、方法和依据，对拟建项目所需总投资及其构成进行的预测和估计；是在研究并确定项目的建设规模、产品方案、技术方案、工艺技术、设备方案、厂址方案、工程建设方案以及项目进度计划等的基础上，依据特定的方法，估算项目从筹建、施工直至建成投产所需全部建设资金总额并测算建设期各年资金使用计划的过程。投资估算的成果文件称作投资估算书，也简称投资估算。投资估算书是项目建议书或可行性研究报告的重要组成部分，是项目决策的重要依据之一。

投资估算按委托内容可分为建设项目的投资估算、单项工程投资估算、单位工程投资估算。投资估算的准确与否不仅影响到可行性研究工作的质量和经济评价结果，而且直接关系到下一阶段设计概算和施工图预算的编制，以及建设项目的资金筹措方案。因此，全面准确地估算建设项目的工程造价，是可行性研究乃至整个决策阶段造价管理的重要任务。

（2）投资估算的作用

投资估算作为论证拟建项目的重要经济文件，既是建设项目技术经济评价和投资决策的重要依据，又是该项目实施阶段投资控制的目标值，它的作用具体如下。

1）项目建议书阶段的投资估算，是项目主管部门审批项目建议书的依据之一，并对项目的规划和规模起参考作用。

2）项目可行性研究阶段的投资估算是项目投资决策的重要依据，也是研究、分析和计算项目投资经济效果的重要条件。

3）项目投资估算对工程设计概算起控制作用，设计概算不得突破有关部门批准的投资估算，并应控制在投资估算额以内。

4）项目投资估算可作为项目资金筹措及制定建设贷款计划的依据，建设单位可根据批准的项目投资估算额，进行资金筹措和向银行申请贷款。

5）项目投资估算是核算建设项目固定资产投资需要额和编制固定资产投资计划的重要依据。

6）项目投资估算是进行工程设计招标、优选设计方案的依据之一。它也是工程限额设计的依据。

（3）投资估算的编制依据

建设项目投资估算编制依据，是指在编制投资估算时需要对拟建项目进行工程计量、计价所依据的有关数据参数等基础资料，主要有以下几方面。

1）国家、行业和地方政府的有关规定。

2）拟建项目建设方案确定的各项工程建设内容。

3）工程勘察与设计文件或有关专业提供的主要工程量和主要设备清单。

4）行业部门、项目所在地工程造价管理机构或行业协会等编制的投资估算指标、概算指标（定额）、工程建设其他费用定额（规定）、综合单价、价格指数和有关造价文件等。

5）类似工程的各种技术经济指标和参数。

6）工程所在地的工、料、机市场价格，建筑、工艺及附属设备的市场价格和有关费用。

7）政府有关部门、金融机构等部门发布的价格指数、利率、汇率、税率等有关参数。

8）与项目建设相关的工程地质资料、设计文件、图纸等。

9）其他技术经济资料。

投资估算应依据项目建设规模、质量标准、工艺技术、设备选型、工程方案、项目实施进度、同类型建设项目的投资资料及国家和相关部门颁布的预算编制规定进行编制，充分利用现有资源，避免过度建设或重复建设，造成投资浪费。

（4）投资估算的编制方法

常用的估算方法有资金周转率法、单位生产能力估算法、生产能力指数法、比例估算法、系数估算法、综合指标投资估算法等。一般情况下，应根据项目的性质、占有的技术经济资料和数据的具体情况，选用适宜的估算方法。

在项目规划和建议书阶段，投资估算的精度较低，可采取简单的匡算法（用已完工程投资估算拟建工程），如：单位生产能力估算法、生产能力指数法、系数估算法、比例估算法等，在条件允许时，也可采用指标估算法。

在可行性研究阶段，投资估算精度要求高，需采用相对详细的投资估算方法，即指标估算法。

5.3.2 通信工程勘察设计阶段造价控制

通信工程设计概算、预算是初步设计概算和施工图设计概算的统称。设计概算、预算实质上是工程造价的预期价格。如何控制和管理好工程项目设计概算、预算，是建设项目投资控制过程中的一个重要环节。设计概算、预算是以初步设计和施工图设计为基础编制的。

1. 通信工程概算、预算的概念

通信工程概算、预算是设计文件的重要组成部分，它是依照各个不同设计阶段的深度和建设内容，依照设计图纸说明及相关专业的预算定额、费用定额、费用标准、器材价钱、编制方式等有关资料，对通信建设工程预先计算和确定从筹建至完工交付利用所需全部费用的文件。

通信工程概算、预算应按不同的设计阶段进行编制。

1）工程采用三阶段设计时，初步设计阶段编制设计概算，技术设计阶段编制修正概算，施工图设计阶段编制施工图预算。

2）工程采用二阶段设计时，初步设计阶段编制设计概算，施工图设计阶段编制施工图预算。

3）工程采用一阶段设计时，编制施工图预算，但施工图预算应反映全部费用内容，即除工程费和工程建设其他费之外，还应计列预备费、建设期利息等费用。

2. 通信工程概算、预算对工程造价的控制

勘察设计单位应按照国家颁发的设计规范、预算编制有关规定，以及经批准的可行性研究报告和合同要求编制初步设计概算、施工图预算或编制一阶段设计预算。

设计概预算金额严禁突破立项金额，对于确有发生的，应组织立项变更，立项变更后方可进行设计批复。

（1）设计概算的作用

设计概算是用货币形式综合反映和确定建设项目从筹建至竣工验收的全部建设费用，其主要作用如下：

1）设计概算是制定和控制建设投资的依据。对于使用政府资金的建设项目，按照规定报请有关部门或单位批准初步设计及总概算，一经上级批准，总概算就是总造价的最高限额，不得任意突破，如有突破须报原审批部门批准。

2）设计概算是编制建设计划的依据。建设工程项目年度计划的安排、其投资需要量的确定、建设物资供应计划和建筑安装施工计划等，都以主管部门批准的设计概算为依据。若实际投资超出了总概算，设计单位和建设单位需要共同提出追加投资的申请报告，经上级计划部门批准后，方能追加投资。

3）设计概算是银行进行贷款审批的重要依据之一。银行根据批准的设计概算和年度投资计划发放贷款，并严格监管控制。

4）设计概算是编制招标控制价和投标报价的依据。以设计概算进行招投标的工程，招标单位以设计概算作为编制招标控制价及评标定标的依据。承包单位也必须以设计概算为依据，编制合适的投标报价，以在投标竞争中取胜。

5）设计概算是签订工程总承包合同的依据。对于施工期限较长的大中型建设工程项目，可以根据批准的建设计划、初步设计和总概算文件确定工程项目的总承包价，采用工程总承包的方式进行建设。

6）设计概算是考核设计方案的经济合理性和控制施工图预算和施工图设计的依据。

7）设计概算是考核和评价建设工程项目成本和投资效果的依据。可以将以概算造价为基础计算的项目技术经济指标与以实际发生造价为基础计算的指标进行对比，从而对建设工程项目成本及投资效果进行评价。

（2）施工图预算的作用

1）施工图预算是设计概算的进一步具体化，其对建设单位的作用包括如下几点。

① 施工图预算是施工图设计阶段确定建设工程项目造价的依据，是设计文件的组成部分。

② 施工图预算是建设单位在施工期间安排建设资金计划和使用建设资金的依据。

③ 施工图预算是确定工程招标控制价的依据。

④ 施工图预算可以作为确定合同价款、拨付工程进度款及办理工程结算的基础。

2）施工图预算对施工单位的作用包括如下几点。

① 施工图预算是确定投标报价的依据。

② 施工图预算是施工单位进行施工准备的依据，是施工单位在施工前组织材料机具、设备及劳动力供应的重要参考，是施工单位编制进度计划、统计完成工作量、进行经济核算的参考依据。

③ 施工图预算是施工企业控制工程成本的依据。

④ 施工图预算是进行"两算"对比的依据。施工企业可以通过施工图预算和施工预算的对比分析，找出差距，采取必要的措施。

3. 设计概算的编制

（1）设计概算的内容

设计概算可分为单位工程概算、单项工程综合概算和建设工程项目总概算三级。各级概算之间的相互关系如图 5-5 所示。

（2）设计概算的编制依据

勘察设计单位应根据现场勘察情况，提供真实、准确、完整的工程量统计表，作为设计概算编制的基础数据。设计概算编制依据主要包括以下几方面。

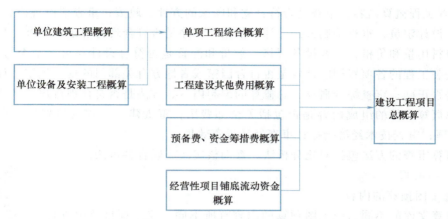

图 5-5 设计概算文件的组成内容

1）国家、行业和地方有关规定。
2）相应工程造价管理机构发布的概算定额（或指标）。
3）工程勘察与设计文件。
4）拟定或常规的施工组织设计和施工方案。
5）建设项目资金筹措方案。
6）工程所在地编制同期的人工、材料、机械台班市场价格，以及设备供应方式及供应价格。
7）建设项目的技术复杂程度，新技术、新材料、新工艺以及专利使用情况等。
8）建设项目批准的相关文件、合同、协议等。
9）政府有关部门、金融机构等发布的价格指数、利率、汇率、税率以及工程建设其他费用等。
10）委托单位提供的其他技术经济资料等。
（3）设计概算的编制方法

设计概算包括单位工程概算、单项工程综合概算和建设工程项目总概算三级。首先编制单位工程概算，然后逐级汇总编制综合概算和总概算。

单位工程概算分建筑工程概算和设备及安装工程概算两大类：

1）建筑工程概算的编制方法有概算定额法、概算指标法、类似工程预算法。
2）设备及安装工程概算的编制方法有预算单价法、扩大单价法、设备价值百分比法和综合吨位指标法等。

单项工程综合概算是以其所包含的建筑工程概算表和设备及安装工程概算表为基础汇总编制的。

建设工程项目总概算它由各单项工程综合概算、工程建设其他费用、建设期利息、预备费和经营性项目的铺底流动资金组成，并按主管部门规定的统一表格编制而成。

（4）设计概算的审查

设计概算的审查包括以下内容。

1）审查设计概算的编制依据：审查编制依据合法性、审查编制依据的时效性、审查编制依据的适用范围。
2）审查概算编制深度：审查编制说明、审查概算编制完整性、审查概算编制范围。

3）审查工程概算内容：审查是否符合党和国家的方针、政策；审查建设规模、建设标准、配套工程、设计定员；审查编制方法、计价依据和程序是否符合现行规定；审查工程量是否正确；审查材料用量和价格；审查设备规格、数量和配置是否符合设计要求，是否与清单一致；审查建筑安装工程的各项费用的计取是否符合国家或者地方有关部门的现行规定，计算程序和取费标准是否正确；审查综合概算、总概算的编制内容、方法是否符合现行规定和设计文件要求；审查总概算文件的组成内容是否包括了全部费用；审查建设工程其他费用；审查项目的"三废"治理；审查技术经济指标；审查经济投资效果。

设计概算审查的方法包括对比分析法、查询核实法、联合会审法。

4. 施工图预算的编制

（1）施工图预算的内容

按照预算文件的不同，施工图预算的内容有所不同。建设项目总预算是反映施工图设计阶段建设项目投资总额的造价文件，是施工图预算文件的主要组成部分。其由组成该建设项目的各个单项工程综合预算和相关费用组成，具体包括建筑安装工程费、设备及工器具购置费、工程建设其他费用、预备费、资金筹措费及铺底流动资金。施工图总预算应控制在已批准的设计总概算投资范围以内。

施工图预算的编制

单项工程综合预算是反映施工图设计阶段一个单项工程（设计单元）造价的文件，是总预算的组成部分，由构成该单项工程的各个单位工程施工图预算组成。其编制的费用项目是各单项工程的建筑安装工程费和设备及工器具购置费的总和。

单位工程预算是依据单位工程施工图设计文件、现行预算定额以及人工、材料和施工机械台班价格等，按照规定的计价方法编制的工程造价文件。包括单位建筑工程预算和单位设备及安装工程预算。

（2）施工图预算的编制依据

施工图预算的编制依据应包括下列内容。

1）国家、行业和地方有关规定。
2）相应工程造价管理机构发布的预算定额。
3）施工图设计文件及相关标准图集和规范。
4）项目相关文件、合同、协议等。
5）工程所在地的人工、材料、设备、施工机械市场价格。
6）施工组织设计和施工方案。
7）项目的管理模式、发包模式及施工条件。
8）其他应提供的资料。

（3）施工图预算的编制方法

单位工程预算包括建筑工程预算和设备及安装工程预算。单位工程预算的编制方法有定额单价法、工程量清单单价法和实物量法。

1）定额单价法。定额单价法是用事先编制好的分项工程的定额单价表来编制施工图预算的方法。根据施工图设计文件和预算定额，按分部分项工程顺序先计算出分项工程量，然后乘以对应的定额单价，求出分项工程的人、料、机费用；将分项工程的人、料、机费用汇总为单位工程的人、料、机费用；汇总后另加企业管理费、利润、规费和税金生成单位工程的施工图预算。定额单价法编制的一般程序如图 5-6 所示。

2）工程量清单单价法。工程量清单单价法是根据国家统一的工程量计算规则计算工程量，采用综合单价的形式计算工程造价的方法。

3）实物量法。实物量法是依据施工图纸和预算定额的项目划分及工程量计算规则，先计算出分部分项工程量，然后套用预算定额（实物量定额）来编制施工图预算的方法。

图 5-6　定额单价法编制的一般程序

（4）施工图预算的审查

施工图预算审查的重点是工程量计算是否准确，定额套用、各项取费标准是否符合现行规定或单价计算是否合理等方面。审查的主要内容如下。

1）审查施工图预算的编制是否符合现行国家、行业、地方政府有关法律、法规和规定要求。

2）审查工程量计算的准确性、工程量计算规则与计价规范规则或定额规则的一致性。

3）审查在施工图预算的编制过程中，各种计价依据使用是否恰当，各项费率计取是否正确。审查依据主要有施工图设计资料、有关定额、施工组织设计、有关造价文件规定和技术规范、规程等。

4）审查各种要素市场价格选用是否合理。

5）审查施工图预算是否超过设计概算并进行偏差分析。

施工图预算的审查可采用全面审查法、标准预算审查法、分组计算审查法、对比审查法、筛选审查法、重点审查法、分解对比审查法等。

5.3.3　通信工程项目发承包阶段造价控制

建设工程发包与承包是一组对称概念，通常简称为发承包。发包是指建设单位（发包人）将建设工程任务（勘察、设计、施工等）的全部或一部分通过招标或其他方式，交付给具有从事建设活动的法定从业资格的单位（承包单位）完成，并按约定支付报酬的行为；承包则是指具有从事建设活动的法定从业资格的承包单位，通过投标或其他方式，承揽建设工程任务，并按约定取得报酬的行为。

对于规定范围和规模标准内的工程项目，建设单位须通过招标方式选择供应商及施工单位，对于不适合招标发包的工程项目，建设单位可以直接发包，本节主要讨论通信工程施工招标的造价控制。

1. 合同价款与发承包的管理

建设工程发承包最核心的问题是合同价款的确定，而合同价款又取决于发承包方式。目前，发承包方式有直接发包和招标发包两种。

对于招标发包的项目，即以招标投标方式签订合同的，应以中标金额确定合同价款。

对于直接发包的项目，如按初步设计总概算投资包干时，应以经审批的概算投资中与承包内容相应部分的投资作为签约合同价；若按施工图预算包干时，则应以审查后的施工图总预算或综合预算为准。

对于在合同签订时不能准确计算出合同价款的，应在合同中明确规定合同价款的计算原则，具体约定执行的计价依据与计算标准，以及合同价款的审定方式等。

发包人可以按照规划、立项规模、价格参照往期合同价确定采购需求，完成采购工作，签订合同。采购的设备（材料）规格需与设计相符，数量需在设计范围以内，金额需在概预算允许偏差范围内；设计费、施工费、监理费订单金额应在预算金额范围内。因采购价格变化较大造成投资超出立项或设计批复金额，应完成变更工作。

2. 通信工程施工招标

（1）施工标段划分

应根据工程项目的内容、规模和专业复杂程度确定招标范围，合理划分标段。对于工程规模大、专业复杂的工程项目，建设单位的管理能力有限时，应考虑采用施工总承包的招标方式选择施工单位，但这种承包方式会使工程造价相对较高。对于工艺成熟的一般性项目，涉及专业不多时，将项目划分为平行承包的多个标段，更有利于控制工程造价。

划分施工标段时，应考虑的因素包括：工程特点、对工程造价的影响、承包单位专长的发挥、工地管理等。

1）工程特点。若工程场地集中、工程量不大、技术不太复杂，由一家承包单位总包易于管理；但若果工地场面大、工程量大，有特殊技术要求，则应考虑划分多个标段。

2）对工程造价的影响。通常情况下，一项工程由一家施工单位总承包易于劳动力、材料、设备的调配；但对于大型、复杂的工程项目，对承包单位的施工能力、施工经验、施工设备等有较高要求，在这种情况下，如果不划分标段，就可能使有资格参加投标的承包单位大大减少，从而无法得到有效竞争，进而影响工程造价。

3）承包单位专长的发挥。在划分标段时，需考虑各承包单位施工的交叉干扰，又要注意各承包单位之间在空间和时间上的衔接。

4）工地管理。划分标段时，需考虑工程进度的衔接和工地现场的布置和干扰。

（2）合同计价方式

施工合同中，计价方式包括：总价方式、单价方式和成本加酬金方式，相应的施工合同也称为总价合同、单价合同和成本加酬金合同。

对于工程项目的建设有明确的要求，且要求在一年以内完工的情况下，可以选用一种固定总金额的合同；如果工程项目的建设条件不清楚，或者需要一年以上的施工，则可以选择单价合同。

（3）招标工程量清单的编制

工程量清单是指建设工程的分部分项工程项目、措施项目、其他项目、规费项目和税金项目的名称和相应数量等的明细清单。工程量清单是工程量清单计价的基础，贯穿于建设工程的招标投标阶段和施工阶段，是编制招标控制价、投标报价、计算工程量、支付工程款、调整合同价款、办理竣工结算以及工程索赔等的依据。招标工程量清单编制的依据有：《建设工程工程量清单计价规范》和相关工程的国家计量规范；国家或省级、行业建设主管部门颁发的计价定额和办法；建设工程设计文件及相关材料；与建设工程有关的标准、规范、技术资料；拟定的招标文件；施工现场情况、地质水文资料、工程特点及常规施工方案；其他相关资料。

1）分部分项工程项目清单。分部分项工程量清单所反映的是拟建工程分部分项工程项目名称和相应数量的明细清，招标人负责编制，包括项目编码、项目名称、项目特征、计量单位、工程量和工作内容。

2）措施项目清单。措施项目清单是指为完成工程项目施工，发生于该工程施工准备和施工过程中的技术、生活、安全、环境保护等方面的项目清单。

3）其他项目清单。其他项目清单是指分部分项工程量清单、措施项目清单所包含的内容以外，因招标人的特殊要求而发生的与拟建工程有关的其他费用项目和相应数量的清单。

4）规费和税金项目清单。规费是指按国家法律、法规规定，由省级政府和省级有关权力部门规定必须缴纳或计取的费用，应计入建筑安装工程造价的费用。税金是指国家税法规定的应计入建筑安装工程造价的增值税销项税额。

（4）招标控制价的编制

招标控制价是招标人根据国家以及当地有关规定的计价依据和计价办法、招标文件、市场行情，并按工程项目设计施工图纸等具体条件调整编制的，对招标工程项目限定的最高工程造价，也可称其为拦标价、预算控制价或最高报价等。

招标控制价的计价依据：《建设工程工程量清单计价规范》；国家或省级、行业建设主管部门颁发的计价定额和计价办法；建设工程设计文件及相关资料；拟定的招标文件及招标工程量清单；与建设项目相关的标准、规范、技术资料；施工现场情况、工程特点及常规施工方案；工程造价管理机构发布的工程造价信息，当工程造价信息没有发布时，参照市场价；其他的相关资料。

招标控制价的编制程序：了解编制要求与范围；熟悉工程图纸及有关设计文件；熟悉与建设工程项目有关的标准、规范、技术资料；熟悉拟订的招标文件及其补充通知、答疑纪要等；了解施工现场情况、工程特点；熟悉工程量清单；掌握工程量清单涉及计价要素的信息价格和市场价格，依据招标文件确定其价格；进行分部分项工程量清单计价；论证并拟定常规的施工组织设计或施工方案；进行措施项目工程量清单计价；进行其他项目、规费项目、税金项目清单计价；工程造价汇总、分析、审核；成果文件签认、盖章；提交成果文件。

3. 通信工程施工投标

（1）投标报价的概念

投标报价是投标人参与工程项目投标时报出的工程造价。即投标报价是指在工程招标发包过程中，由投标人或受其委托具有相应资质的工程造价咨询人按照招标文件的要求以及有关计价规定，依据发包人提供的工程量清单、施工设计图纸、结合工程项目特点、施工现场情况及企业自身的施工技术、装备和管理水平等，自主确定的工程造价。

投标价是投标人希望达成工程承包交易的期望价格，但不能高于招标人设定的招标控制价。

（2）投标报价的编制

投标报价编制的依据有：《建设工程工程量清单计价规范》；国家或省级、行业建设主管部门颁发的计价办法；企业定额，国家或省级、行业建设主管部门颁发的计价定额；招标文件、招标工程量清单及其补充通知、答疑纪要；建设工程设计文件及相关资料；施工现场情况、工程特点及投标时拟定的施工组织设计或施工方案；与建设项目相关的标准、规范等技术资料；市场价格信息或工程造价管理机构发布的工程造价信息；其他的相关资料。

（3）施工投标报价策略

投标报价策略是指投标单位在投标竞争中的系统工作部署与投标竞争的方式和手段。

1）制定投标策略的重要环节。

① 调查研究搜集信息。首先调查研究工程价值前提和事实前提。价值前提是以取得高经济效益为目的，事实前提是通过搜集情报、分析研究掌握竞争诸方的真实情况。要调查建设项目的工程概况及其现场自然条件、社会协作条件；招标单位、上级和地方的意向；当地施工企

业竞争对手的实力、优势、信誉；相似项目报价，计标定额，工程成本；各竞争对手的动态、报价情况。弄清各方前提条件，以制定策略。

② 决策对待投标的态度和竞争方针。先研究承包该工程能得到的利益和自身能力能否胜任。再决策抱什么态度，采取什么方针。若为本单位长远利益，要抢占某一市场，可采取"薄利保本"或"先亏后盈"；或采用高价策略，中标可赚一大笔钱，不中标也无关紧要；或分析各竞争方优劣势，以优势和长处取胜，击败各方。

③ 在投标竞争中不断地研究和修正策略。竞争的形势是多变的，要随时根据改变了的情况，不断地改变自己的竞争策略。报价是投标中最复杂最难决策的问题，一般需事前算两笔账：先按现行编制预算办法算一笔账，再按现行编制施工工程成本办法算一笔账。知己知彼，可随机应变。策略上可采用扩大标价；或是先低再增加的逐步升级法；或在决策前突然降价，使竞争对手措手不及；或几家实力雄厚承包商联合以保中标。总之，要随时掌握主动权，在确认确实有利，才决策"干"，否则就当机立断，放弃投标或放弃某一部分工程。

2) 常用的投标报价方法。

① 不平衡报价法。不平衡报价指的是一个项目的投标报价，在总价基本确定后，如何调整项目内部各个部分的报价，以期望在不提高总价的条件下，既不影响中标，又能在结算时得到更理想的经济效益。这种方法在工程项目中运用得比较普遍，一般可根据具体情况考虑采用不平衡报价法。

② 多方案报价法。若招标文件的工程范围不是很明确、技术规范要求过于苛刻时，要在充分估计投标风险的基础上，按多方案报价法处理。

③ 突然降价法。此方法是一种迷惑对手的方法，即先按一般情况报价或表现出自己对该工程兴趣不大，到快要投标截止时，再突然降价。采用这种方法时，要在事前考虑好降价的幅度，再根据掌握的对手情况进行分析，做出决策。

④ 先亏后盈法。在对某地区进行战略布局时，可以依靠自身的资金实力和良好的市场信誉，采取低于成本价的报价方案投标，先占领市场再图谋今后的发展。但提出的报价方案必须获得业主认可，同时要加强对企业情况的宣传，否则即使报价低，也不一定能够中标。

5.3.4 通信工程实施阶段造价控制

一般情况下，建设项目投资控制的关键在于投资决策阶段和设计阶段，但在项目正式开工以后，由于受到施工各方人员、材料设备、施工机械、施工工艺和施工环境间不断变化且相互制约的影响，工程造价易出现偏差，所以，施工阶段的造价控制也是很重要的。

建设工程的投资主要发生在施工阶段，在这一阶段需要投入大量的人力、物力、资金等，是工程项目建设费用消耗最多的时期，因此，对施工阶段的造价控制应给予足够的重视，精心组织施工，挖掘各方面潜力，节约资源消耗。

1. 施工阶段造价控制的任务和措施

施工阶段造价控制的主要任务是通过工程付款控制、工程变更费用控制、预防并处理好费用索赔、挖掘节约投资潜力来努力实现实际发生的费用不超过计划投资费用。

施工阶段造价控制仅仅靠控制工程款的支付是不够的，应从组织、经济、技术、合同、管理等多方面采取措施，控制费用。

1) 组织措施：在项目监理机构中落实造价控制的人员、任务分工和职能分工；编制本阶段造价控制工作计划和详细的工作流程图。

2）经济措施：编制并审查资金使用计划，分解造价控制目标；进行工程计量；复核工程付款账单，签发付款证书；做好投资支出的分析与预测，向建设单位提交投资控制及存在问题报告；定期进行投资偏差分析；对工程变更的费用做出评估；审核工程结算。

3）技术措施：对设计变更进行技术经济比较，严格控制设计变更；继续寻找节约投资的可能性；从造价控制的角度审核承包单位编制的施工组织设计，对主要施工方案进行技术经济分析。

4）合同措施：积累工程变更等资料和原始记录，为处理可能发生的索赔提供依据，参与处理索赔事宜；参与合同修改、补充工作，着重考虑对投资的影响。

5）管理措施：对于甲供物资，建设单位应组织施工单位以单项任务为颗粒度严格根据实际需求领用工程物资，严禁突破设计用量，严禁冒领和挪作他用；施工单位应妥善保管工程物资，并完整准确记录工程物资台账。建设单位应对工程物资使用情况进行监督检查，确保工程物资合理有效使用，严格控制施工损耗。工程完工后，建设单位应组织施工单位据实进行工程物资的盘点清算，对于工程余料应妥善保管并及时退库、调拨，对于工程废料应依据相关管理规定进行处置。

2. 施工阶段造价控制的主要工作内容

施工阶段的造价控制的主要工作包括以下内容。

1）参与设计图纸会审，提出合理化建议。

2）从造价控制的角度审查承包单位编制的施工组织设计，对主要施工方案进行技术经济分析。

3）加强工程变更签证的管理，严格控制、审定工程变更，设计变更必须在合同条款的约束下进行，任何变更不能使合同失效。

4）实事求是、合理地签认各种造价控制文件资料，不得重复或与其他工程资料相矛盾。

5）建立月完成量和工作量统计表，对实际完成量和计划完成量进行比较、分析，做好进度款的控制。

6）收集有现场监理工程师签认的工程量报审资料，作为结算审核的依据。

7）收集经设计单位、施工单位、建设单位和总监理工程师签认的工程变更资料，作为结算审核的依据，防止施工单位在结算审核阶段只提供对施工方有利的资料，造成不应发生的损失。

3. 工程计量

工程造价的确定，应该以该工程所要完成的工程实体数量为依据，对工程实体的数量做出正确的计算，并以一定的计量单位表述，这就需要进行工程计量，即工程量的计算，以此作为确定工程造价的基础。

工程计量一般只对工程量清单中的全部项目、合同文件中规定的项目和工程变更项目进行计量。对于已完工程，并不全部进行计量，而只对质量达到合同标准的已完工程予以计量。对于整改的项目，不得重复计量，未完的工程项目也不得计量。

4. 工程变更与索赔管理

工程变更是指施工合同履行过程中出现与签订合同时的预计条件不一致的情况，而需更改原定施工承包范围内的某些工作内容。合同当事人一方因对方未履行或不能正常履行合同所规定的义务而遭受损失时，可向对方提出索赔。

工程变更与索赔是影响工程价款结算的重要因素，因此，也是施工阶段造价管理的重要内容。

(1) 工程变更的范围和内容

工程变更包括工程量变更、工程项目变更（如建设单位提出增加或者删减工程项目内容）、进度计划变更、施工条件变更等。工程变更包括以下几个方面内容。

1）取消合同中任何一项工作，但被取消的工作不能转由建设单位或其他单位实施。

2）改变合同中任何一项工作的质量或其他特性。

3）改变合同工程的基线、标高、位置或尺寸。

4）改变合同中任何一项工作的施工时间或改变已批准的施工工艺或顺序。

5）为完成工程需要追加的额外工作。

(2) 工程变更程序

工程施工过程中的工程变更可分为监理人指示的工程变更和施工承包单位申请的工程变更两类。

1）监理人指示的工程变更。监理人指示的工程变更是指监理人根据工程施工的实际需要或建设单位要求实施的工程变更，可以进一步划分为直接指示的工程变更和通过与施工承包单位协商后确定的工程变更两种情况。

2）施工承包单位提出的工程变更。施工承包单位提出的工程变更可能涉及建议变更和要求变更两类。

① 施工承包单位建议的变更。施工承包单位对建设单位提供的图纸、技术要求等，提出可能降低合同价格、缩短工期或提高工程经济效益的合理化建议，均应以书面形式提交监理人。监理人与建设单位协商是否采纳施工承包单位提出的建议。建议被采纳并构成变更的，监理人向施工承包单位发出工程变更指示。

施工单位应严格按照设计方案进行工程施工，严禁擅自修改工程设计。根据工程实际情况确需进行设计变更的，建设单位应组织相关合作单位等对设计变更及调整的预算进行评审，通过后作为工程施工和结算的依据。

② 施工承包单位要求的变更。施工承包单位收到监理人按合同约定发出的图纸和文件，经检查认为其中存在属于变更范围的情形，如提高工程质量标准、增加工作内容、改变工程的位置或尺寸等，可向监理人提出书面变更建议。监理人收到施工承包单位的书面建议后，应与建设单位共同研究，确认存在变更的，应在收到施工承包单位书面建议后的14天内做出变更指示。经研究后不同意变更的，应由监理人书面答复施工承包单位。

(3) 工程索赔的原因和分类

通常情况下，索赔是指施工承包单位在合同实施过程中，对非自身原因造成的工程延期、费用增加而要求建设单位给予补偿损失的一种权利要求。

工程索赔是由于发生了施工过程中有关方面不能控制的干扰事件，这些干扰事件影响了合同的正常履行，造成了工期延长、费用增加，成为工程索赔的理由。

工程索赔产生的原因有建设单位和监理人违约、合同缺陷、合同变更、工程环境的变化、不可抗力或不利的物质条件。

工程索赔可分为工期索赔和费用索赔。

1）工期索赔。由于非施工承包单位的原因导致施工进度拖延，要求批准延长合同工期的索赔，称为工期索赔。工期索赔形式上是对权利的要求，以避免在原定合同竣工日不能完工时，被建设单位追究拖期违约责任。一旦获得批准合同工期延长后，施工承包单位不仅可免除承担拖期违约赔偿费的严重风险，而且可因提前交工获得奖励，最终仍反映在经济利益上。

2）费用索赔。费用索赔是施工承包单位要求建设单位补偿其经济损失。当施工的客观条件改变导致施工承包单位增加开支时，要求对超出计划成本的附加开支给予补偿，以挽回不应由其承担的经济损失。

（4）工程索赔处理程序

1）施工承包单位的索赔程序。施工承包单位应在知道或应当知道索赔事件发生后 28 天内，向监理人提交索赔意向通知书，说明发生索赔事件的事由。施工承包单位未在前述的 28 天内发出索赔意向通知书的，丧失索赔的权利。

施工承包单位应在发出索赔意向通知书后 28 天内，向监理人正式提交索赔通知书。索赔通知书应详细说明索赔理由和要求，并附必要的记录和证明材料。

索赔事件具有连续影响的，施工承包单位应继续提交延续索赔通知，说明连续影响的实际情况和记录。

在索赔事件影响结束后的 28 天内，施工承包单位应向监理人提交最终索赔通知书，说明最终索赔要求，并附必要的记录和证明材料。

2）监理人处理索赔的程序。监理人收到施工承包单位提交的索赔通知书后，应及时审查索赔通知书的内容、查验施工承包单位的记录和证明材料，必要时监理人可要求施工承包单位提交全部原始记录副本。

监理人应商定或确定追加的付款和（或）延长的工期，并在收到上述索赔通知书或有关索赔的进一步证明材料后的 42 天内，将索赔处理结果答复施工承包单位。

施工承包单位接受索赔处理结果的，建设单位应在做出索赔处理结果答复后 28 天内完成赔付。施工承包单位不接受索赔处理结果的，按合同中争议解决条款的约定处理。

3）施工承包单位提出索赔的期限。施工承包单位接受竣工付款证书后，应被认为已无权再提出在合同工程接收证书颁发前所发生的任何索赔。施工承包单位提交的最终结清申请单中，只限于提出工程接收证书颁发后发生的索赔。提出索赔的期限自接收最终结清证书时终止。

5. 偏差分析及其控制

在工程施工阶段，无论是建设单位还是施工承包单位，均需进行实际费用与计划费用的动态比较，分析费用偏差产生的原因，并采取有效措施控制费用偏差。

（1）偏差表示方法

1）费用偏差（Cost Variance，CV）。费用偏差是指工程项目投资或成本的实际值与计划值之间的差额，即

$$费用偏差(CV) = 已完工程计划费用(BCWP) - 已完工程实际费用(ACWP)$$

其中：

$$已完工程计划费用(BCWP) = \Sigma 已完成工作量(实际工程量) \times 预算单价$$

$$已完工程实际费用(ACWP) = \Sigma 已完成工作量(实际工程量) \times 实际单价$$

当 CV>0 时，说明工程费用节约；当 CV<0 时，说明工程费用超支。

2）进度偏差（Schedule Variance，SV）。进度偏差是工程项目投资或成本的实际值和计划工作预算费用之间的差值，即

$$进度偏差(SV) = 已完工程计划费用(BCWP) - 拟完工程计划费用(BCWS)$$

其中：

拟完工程计划费用（BCWS）= Σ 拟完成工作量（计划工程量）×计划单价

当 SV>0 时，说明工程进度超前；当 SV<0 时，说明工程进度拖后。

(2) 偏差产生的原因

一般来说，产生费用偏差的原因包括如下几点。

1）客观原因。包括人工费涨价、材料涨价、设备涨价、利率及汇率变化、自然因素等。

2）建设单位原因。包括增加工程内容、投资规划不当、组织不落实、建设手续不健全、未按时付款、协调出现问题等。

3）设计原因。设计错误或漏项、设计标准变更、设计保守、图纸提供不及时、结构变更等。

4）施工原因。施工组织设计不合理、质量事故、进度安排不当、施工技术措施不当、与外单位关系协调不当等。

施工原因造成的损失由施工承包单位自己负责，建设单位纠偏的主要是自己原因及设计原因造成的费用偏差。

(3) 偏差的控制措施

费用偏差的纠正措施通常包括以下 4 方面内容。

1）组织措施。组织措施是指从费用控制的组织管理方面采取的措施，包括落实费用控制的组织机构和人员，明确各级费用控制人员的任务、职能分工、权力和责任，改善费用控制工作流程等。

2）经济措施。经济措施包括检查费用控制目标分解是否合理，资金使用计划有无保障，会不会与工程实施进度计划发生冲突，工程变更有无必要，是否超标等。

3）技术措施。技术措施是指对工程方案进行技术经济比较，包括制定合理的技术方案，进行技术分析，针对偏差进行技术改正等。

4）合同措施。合同措施在纠偏方面主要是指索赔管理。在施工过程中常出现索赔事件，要认真审查有关索赔依据是否符合合同规定，索赔计算是否合理等，从主动控制的角度，加强日常的合同管理，落实合同规定的责任。

6. 工程结算

工程结算是指施工承包单位按照施工合同和已完工程量向建设单位收取工程价款的经济活动。

(1) 工程价款的结算方式

工程价款的结算可以根据不同情况采用多种方式：按月结算、竣工后一次结算、分段结算以及按合同双方约定的其他结算方式。按月结算工程价款的一般程序包括：先预付工程预付款，施工中按月结算工程进度款，竣工后进行竣工结算。

建设单位要按照合同约定及时支付工程款项，款项支付必须严格依照双方合同条款执行。

(2) 工程预付款

工程预付款，又称材料备料款或材料预付款。预付款用于施工承包单位为合同工程施工购置材料、工程设备，购置或租赁施工设备，修建临时设施，以及组织施工队伍进场等所需的款项。

工程实行预付款的，合同双方应根据合同通用条款及价款结算办法的有关规定，在合同专用条款中约定并履行。工程预付款的最高额度不超过合同金额（扣除暂列金额）的 30%。

施工承包单位应在签订合同或向建设单位提供与预付款等额的预付款保函后向建设单位提

交预付款支付申请，建设单位应在收到支付申请的7天内进行核实并向建设单位发出预付款支付证书，并在签发支付证书后的7天内向施工承包单位支付预付款。

材料备料款属于预付性质。施工的后期所需材料储备逐步减少，需要以抵充工程价款的方式陆续扣还，施工合同中应约定起扣时间和比例。起扣点按下式计算：

$$T = P - M/N$$

式中，T 为起扣点，即工程预付款开始扣回时的累计完成工作量金额；P 为承包工程的款项合同总额；M 为工程预付款数额；N 为主要材料和构件所占总价款的比重。

（3）工程进度款

工程进度款是指在施工过程中，按逐月、多个月份合计完成的工程数量计算的各项费用总和。

工程进度款的计算，主要涉及两个方面：一是工程量的计量，参见《建设工程工程量清单计价规范》及相关专业工程的工程量计算规范；二是单价的计算方法。

1）工程量计算。施工承包单位应当按照合同约定的方法和时间，向建设单位提交已完工工程量的报告。建设单位接到报告后14天内核实已完工工程量，并在核实前2天通知施工承包单位，施工承包单位应提供条件并派人参加核实，施工承包单位收到通知后不参加核实，以建设单位核实的工程量作为工程价款支付的依据。建设单位不按约定通知施工承包单位，致使施工承包单位未能参加核实，核实结果无效。

建设单位收到施工承包单位报告后14天内未核实已完工工程量，从第15天起，施工承包单位报告的工程量即视为被确认，作为工程价款支付的依据，双方合同另有约定的，按合同执行。

对施工承包单位超出设计图纸（含设计变更）范围和因施工承包单位原因造成返工的工程量，建设单位不予计算。

2）单价的计算方法。单价的计算方法，主要根据由建设单位和施工承包单位事先约定的工程价格的计价方法决定。

5.3.5 通信工程验收阶段造价控制

1. 验收阶段相关概念

验收阶段主要开展初步验收、试运转和竣工验收三项工作。

1）初步验收。初步验收通常是指单项工程完工后，检验单项工程各项技术指标是否达到设计要求，初步验收一般是由施工单位完成施工承包合同工程量后，依据合同条款向建设单位申请项目完工验收，提出交工报告，由建设单位组织相关人员进行评审。

2）试运转。试运转由建设单位负责组织，供货厂商、设计、施工和维护部门参加，对设备、系统的性能、功能和各项技术指标以及设计和施工质量等进行全面考核，试运转发现问题，由相关责任单位负责免费返修。

3）竣工验收。竣工验收是工程建设过程中的最后一个环节，是全面考核建设成果、检验设计和工程质量是否符合要求，审查投资使用是否合理的重要步骤。试运转结束后，建设单位应组织相关合作单位对工程项目进行竣工验收。

2. 竣工结算

竣工结算是在工程竣工并经验收合格后，在原合同造价的基础上，将有增减变化的内容，按照施工合同约定的方法与规定，对原合同造价进行相应的调整，编制确定工程实际造价并作为最终结算工程价款的经济文件。

(1) 竣工结算的依据

根据 GB 50500—2013《建设工程工程量清单计价规范》的规定，工程竣工结算的主要依据有：《建设工程工程量清单计价规范》、工程合同、发承包双方实施过程中已确认的工程量及其结算的合同价款、发承包双方实施过程中已确认调整后追加（减）的合同价款、建设工程设计文件及相关资料、投标文件、其他依据。

(2) 竣工结算的编制方法

竣工结算的编制应区分合同类型，采用相应的编制方法。

1）采用总价合同的，应在合同价基础上对设计变更、工程洽商以及工程索赔等合同约定可以调整的内容进行调整。

2）采用单价合同的，应计算或核定竣工图或施工图以内的各个分部分项工程量，依据合同约定的方式确定分部分项工程项目价格，并对设计变更、工程洽商、施工措施以及工程索赔等内容进行调整。

3）采用成本加酬金合同的，应依据合同约定的方法计算各个分部分项工程以及设计变更、工程洽商、施工措施等内容的工程成本，并计算酬金及有关税费。

(3) 竣工结算的编制内容

采用工程量清单计价，竣工结算编制的主要内容有工程项目的所有分部分项工程量，以及实施工程项目采用的措施项目工程量；为完成所有工程量并按规定计算的人工费、材料费、设备费、机具费、企业管理费、利润和税金；分部分项工程和措施项目以外的其他项目所需计算的各项费用；工程变更费用、索赔费用、合同约定的其他费用。

(4) 竣工结算的审核

施工单位按照验收确认工作量编制施工结算书。施工结算书须经建设单位与监理单位审核，建设单位应审查工程结算与工程招标投标文件、合同条款、应执行定额标准的一致性、计算的准确性、真实性。

工程竣工结算的审查一般从以下几方面入手：核对合同条款，检查隐蔽验收记录，落实设计变更签证，按图核实工程数量，认真核实单价，注意各项费用计取，防止各种计算误差。

《通信建设工程价款结算暂行办法》（信部规〔2005〕418 号）规定了工程竣工结算审查期限，发包人应按表 5-1 规定的时限进行核对、审查，并提出审查意见。

表 5-1　工程竣工结算审查期限

工程竣工结算报告金额	审查时间
500 万元以下	从接到竣工结算报告和完整的竣工结算资料之日起 20 天内完成审查
500 万~2000 万元	从接到竣工结算报告和完整的竣工结算资料之日起 30 天内完成审查
2000 万~5000 万元	从接到竣工结算报告和完整的竣工结算资料之日起 45 天内完成审查
5000 万元以上	从接到竣工结算报告和完整的竣工结算资料之日起 60 天内完成审查

(5) 竣工结算款的支付

1）承包人提交竣工结算款支付申请。除专用合同条款另有约定外，承包人应在工程竣工验收合格后 28 天内向发包人和监理人提交竣工结算申请单，并提交完整的结算资料，有关竣工结算申请单的资料清单和份数等要求由合同当事人在专用合同条款中约定。

除专用合同条款另有约定外，竣工结算申请单应包括以下内容：竣工结算合同价格；发包人已支付承包人的款项；应扣留的质量保证金，已缴纳履约保证金的或提供其他工程质量担保方式的除外；发包人应支付承包人的合同价款。

2）发包人签发竣工结算支付证书与支付结算款。发包人在收到承包人提交竣工结算申请单后 28 天内未完成审批且未提出异议的，视为发包人认可承包人提交的竣工结算申请单，并自发包人收到承包人提交的竣工结算申请单后第 29 天起视为已签发竣工付款证书。

除专用合同条款另有约定外，发包人应在签发竣工付款证书后的 14 天内，完成对承包人的竣工付款。发包人逾期支付的，按照中国人民银行发布的同期同类贷款基准利率；逾期支付超过 56 天的，按照中国人民银行发布的同期同类贷款基准利率的两倍支付违约金。

3）承包人对发包人签认的竣工付款证书有异议的，对于有异议部分应在收到发包人签认的竣工付款证书后 7 天内提出异议，并由合同当事人按照专用合同条款约定的方式和程序进行复核，或按照"争议解决"条款约定处理。对于无异议部分，发包人应签发临时竣工付款证书。承包人逾期未提出异议的，视为认可发包人的审批结果。

4）发包人要求甩项竣工的，合同当事人应签订甩项竣工协议。在甩项竣工协议中应明确，合同当事人按照"竣工结算申请"条款及"竣工结算审核"条款的约定，对已完合格工程进行结算，并支付相应合同价款。

3. 竣工决算

竣工决算是由建设单位编制的反映建设项目实际造价和投资效果的文件。建设单位组织相关合作单位对工程项目进行竣工验收的同时，还要组织编制竣工决算。竣工决算应根据工程实际发生情况进行编制，费用计列需应列尽列。

（1）竣工决算的概念

竣工决算的内容应包括从项目策划到竣工投产全过程的全部实际费用。竣工决算的内容包括竣工财务决算说明书、竣工财务决算报表、工程竣工图和工程造价对比分析 4 部分。其中竣工财务决算说明书和竣工财务决算报表又合称为竣工财务决算，它是竣工决算的核心内容。

竣工决算金额不能突破立项批复金额，也不得超出设计批复金额，否则应履行设计变更，之后方可编制竣工决算报表。

（2）竣工决算与竣工结算的区别

1）编制单位不同。竣工结算由施工单位编制，竣工决算由建设单位编制。

2）审核部门不同。竣工结算由施工单位造价部门编制，建设单位造价部门审核；竣工决算由建设单位财务部门编制，社会审计。

3）包含范围不同。竣工结算是按工程进度、施工合同、施工监理情况办理的工程价款结算，以及根据工程实施过程中发生的超出施工合同范围的工程变更情况，调整施工图预算价格，确定的工程项目最终结算价格。它分为单位工程竣工结算、单项工程竣工结算和建设项目竣工总结算。竣工结算工程价款等于合同价款加上施工过程中合同价款调整数额减去预付及已结算的工程价款再减去保修金。竣工决算是从筹集到竣工投产全过程的全部实际费用，即包括建筑工程费、安装工程费、设备工器具购置费用及预备费等费用。也就是说，竣工决算是在竣工结算的基础上加设备费、勘察设计费、征地费、拆迁费等，形成最后的固定资产。

（3）竣工决算编制

1）竣工决算的编制依据。竣工决算的编制依据主要有：经批准的可行性研究报告及其投资估算书；经批准的初步设计或扩大初步设计及其概算书或修正概算书；经批准的施工图设计及其施工图预算书；设计交底或图纸会审会议纪要；招标投标的标底、承包合同、工程结算资料；施工记录或施工签证单及其他施工发生的费用记录；竣工图及各种竣工验收资料；历年基建资料、财务决算及批复文件；设备、材料等调价文件和调价记录；有关财务核算制度、办法和其他有关资料、文件等。

2）竣工决算的编制步骤。

① 收集、整理和分析有关依据资料。在编制竣工决算文件之前，应系统地整理所有的技术资料、工料结算的经济文件、施工图纸和各种变更与签证资料，并分析它们的准确性。

② 清理各项财务、债务和结余物资。

③ 核实工程变动情况。重新核实各单位工程、单项工程造价，将竣工资料与原设计图纸进行查对、核实，必要时可实地测量，确认实际变更情况；根据经审定的承包单位竣工结算等原始资料，按照有关规定对原概预算进行增减调整，重新核定工程造价。

④ 编制建设工程竣工决算说明。

⑤ 填写竣工决算报表。

⑥ 做好工程造价对比分析。

⑦ 清理、装订竣工图。

⑧ 上报主管部门审查并存档。

本章小结

本章知识点见表 5-2。

表 5-2 本章知识点

序号	知识点	内容
1	工程造价	工程造价是指建设工程产品的建造价格，工程造价本质上属于价格范畴。由于所处的角度不同，工程造价有不同的含义
2	工程造价的计价方法	概预算定额计价法、工程量清单计价法
3	工程造价控制	在投资决策阶段、设计阶段、施工阶段，把工程造价控制在批准的投资限额以内，随时纠正发生的偏差，以保证项目投资目标的实现，以求在建设工程中能合理使用人力、物力、财力，取得较好的投资效益和社会效益
4	竣工结算	竣工结算是在工程竣工并经验收合格后，在原合同造价的基础上，将有增减变化的内容，按照施工合同约定的方法与规定，对原合同造价进行相应的调整，编制确定工程实际造价并作为最终结算工程价款的经济文件
5	竣工决算	竣工决算是由建设单位编制的反映建设项目实际造价和投资效果的文件

习题

1. 简述通信工程造价的计价特点。
2. 简述通信工程造价的确定依据。
3. 简述通信工程造价控制的基本原则。
4. 简述通信工程项目决策与工程造价的关系。
5. 简述通信工程概算、预算的概念及其区别。
6. 简述常用的投标报价方法。
7. 简述竣工决算与竣工结算的区别。

第 6 章　通信工程项目进度管理

科技的发展和人类生活的进步，都在推动着通信产业的发展。随着电信企业之间的竞争越来越激烈，要想在激烈的竞争中立于不败之地，不仅要控制成本，而且要管理项目的进度。因此通信工程项目的进度管理对于企业乃至整个通信行业都有着非常重要的作用。本章将介绍通信工程项目管理的基本理论、方法，重点介绍双代号网络图的绘制和时间参数的计算。

学习要点

- 通信工程进度管理的基本概念、特点和影响因素。
- 通信工程进度管理的主要内容。
- 通信工程进度管理的工具。

素养目标

- 学习进度管理的应用，使学生理解进度管理对于通信工程项目的意义，增强学生的责任意识、爱国精神，感受到合理有效利用时间对身心健康的重要。
- 学习主要的进度管理工具，特别注重以德为魂、技为本，开展育人教育。

6.1　通信工程项目进度管理概述

通信工程项目进度管理是通信工程管理中重要的一环，其有效加强不仅能够保障对通信工程的高质量完成，还为国家通信网络体系的完备性奠定了坚实基础。

6.1.1　通信工程项目进度管理的概念

通信工程项目进度管理，顾名思义就是对工程建设时间以及各建设时间内所需要进行的工程进行分类并保证完成的一种管理，换句话说，就是在规定的时间内，保证工程顺利完成的同时要保证整个项目规划的合理性与经济性，目的是保证通信工程能在规定期限内建设完成并投入使用，集中体现了项目进度管理的本质。

通信工程项目建设中进度管理主要工作内容是制订工作计划和对所指定进度计划进行恰当管理，而其中控制项目进度的完成是通信工程项目进度管理的主要内容，也是关键内容。因此对项目进度管理的控制必须有条理。通信工程项目进度管理是一个动态管理的过程，因此，在进行管理控制过程中必须根据具体实际情况变动相应制定的进度计划，目前一般所采用的进度管理方法主要有甘特图和网络图两种方法，其中甘特图简单明了，但是不利于管理人员对工程进度的动态管理，而网络图在一定程度上弥补了甘特图的不足之处，并进一步优化了相关管理步骤，使得管理人员能更直观地看出工作关系以及工作进程的变化，从而合理地改变已制定计划，进而提高通信工程的经济性以及效益性。

6.1.2 通信工程项目进度管理的基本特点

通信工程项目进度管理的基本特点

1. 系统性和整体性

通信工程项目往往是由很多个建设子项目组成的，而每个子项目之间又具有很强的关联性，而且一般情况下这些子项目涉及的范围很广泛，种类也多种多样，这就要求对该建设的进度管理必须具有系统性和整体性，这样才能把每个建设子项目有效地统一起来并将每个部分的具体建设进度与整个建设项目的总体进度有机结合。

2. 专业性和变化性

通信工程科技含量高、专业性强，决定了其项目的进度管理是一个复杂性很强的工作，工程进度管理者需要具备丰富的专业知识才能保证管理质量。另外，通信工程项目更新换代的速度也较快，在项目的建设过程中，外界环境随时都会发生变化，因此管理者要及时调整相关的项目进度管理方案及具体措施。

3. 风险性和难度性

随着信息技术的飞速发展，各种通信工具已经成为当今社会必不可少的生活帮手，这就导致通信工程建设市场的内部竞争越来越激烈，同时由于外界环境中各种不稳定因素的存在，通信工程项目进度的管理在开展过程中面临较大的风险。另一方面，由于通信工程建设的施工成本较高，需要耗费大量原材料，导致工程建设的中间商和供应商可能随时退出建设，这给通信工程项目建设的进度管理工作增加了难度。

6.1.3 通信工程项目进度管理的影响因素

无论计划如何周密，它只是人们的主观设想。在计划实施过程中，总会遇到各种难以预见的挑战，有的来自政府职能部门、相关协作单位；也可能由自然条件的变化引起；也可能源自建设监理单位内部。在通信工程建设过程中，影响进度的常见因素如下。

1. 运营商因素

运营商因素主要有业主因使用要求的改变而形成设计变更；业主不能及时提供施工场地条件或所提供的场地不能满足工程施工的正常需要；不能及时向施工承包单位或材料供应商支付工程款、货款等。

2. 勘察设计因素

勘察设计因素主要有勘察资料不准确，特别是基础资料的错误或遗漏；设计内容不完善，规范使用不恰当，设计有缺陷或错误，设计对施工的可能性未考虑或考虑不全面；施工图纸供应不及时，不配套或出现重大差错等。

3. 施工技术因素

施工技术因素主要有施工工艺的错误；施工方案不合理；施工安全措施不当；不可靠施工技术的应用等。

4. 社会环境因素

社会环境因素主要有周边单位临近工程施工的干扰；节假日交通管制，市容整顿的限制；临时停水、停电、断路等。

5. 自然环境因素

自然环境因素主要有复杂的工程地质条件；不明的水文气象条件；地下文物的保护处理；洪水、地震、台风等不可抗拒因素的影响等。

6. 组织管理因素

组织管理因素主要有向有关部门提出各种申请审批手续的拖延；合同签订时条款的遗漏或表达不准确；计划安排不周密、组织协调不力而导致的停工待料；相关作业脱节，领导不力，指挥失当，使参加工程建设的各个单位、各个专业、各个施工过程之间在配合上发生矛盾等。

7. 设备材料供应因素

设备材料供应因素主要有设备、材料、配件、工器具供应环节出现差错；品种、规格、质量、数量、供货时间不能完全满足工程建设的需要；特殊材料、新型材料的不合理使用；施工设备、工器具、仪器仪表不配套；设备选型不当、安装有误、存在故障等。

8. 资金因素

资金因素主要有有关方拖欠资金，资金不到位，汇率浮动通货膨胀等造成资金短缺等。

6.2 通信工程项目进度管理主要内容

通信工程项目进度管理主要内容包括进度计划编制、实施、跟踪监控及调整，目标是及时完成网络能力建设，支撑业务发展需要。具体来说，包括以下几方面。

1）根据标准工期制定项目总体进度计划，依据进度总体目标进行工作任务分解，确定各工作任务责任部门、起止时间和完成标志。总体进度计划要在立项批复中予以明确。各相关各责任部门、单位要严格按照既定的总体进度要求，细化实施计划，做好工作部署并按时完成。

2）严格控制需求确认至系统割接上线的时间，保障网络能力的快速及时提供。建设部门要制定包括设备到货、开工、割接上线、转资及验收等项目实施计划，做好项目全过程监控点跟踪，建立相关各单位、部门间的沟通机制，及时通报进展情况，及时协调解决问题。对于项目建设发生重大变化并已确定无法完成项目建设的，要及时进行项目终止。

3）面向工程建设全过程，统计项目各环节的完成时间、分析制约因素和主要问题，进一步完善和优化标准工期体系和项目标准监控点跟踪体系，实现项目建设周期的闭环管理。

6.2.1 通信工程项目进度管理标准监控点

工程项目基本建设程序（见图 1-1）的标准监控点体系至少包括 24 个关键路径监控点：需求提交、可研（或项目建议书）评审、立项批复、采购申请、合同订单录入、设计会审、设计批复、质量监督申报、设备到货验收、订单接收、开工启动、设备安装、系统调测、验收测试、完工、割接上线（交维）、转资、结算审计、试运行、竣工验收、竣工验收备案、竣工决算审计、竣工决算批复、项目归档。

24 个关键路径监控点工作内容具体如下：

1）需求提交：需求管理部门编制、评审项目需求说明书后提交至可行性研究报告（或项目建议书）编制责任部门的时间，以提交文件印发时间为准。

2）可研（或项目建议书）评审：立项管理部门组织评审可研（或项目建议书），形成评审意见并发布评审会议纪要的时间，以评审会议纪要文件印发时间为准。

3）立项批复：立项管理部门完成立项批复的时间，以立项批复文件印发时间为准。

4）采购申请：依据立项批复提交主设备、设计服务采购单的时间，或依据设计批复提交施工监理服务、配套设备材料采购单的时间，以电子系统请购单流程到达采购部门时间为准。

5）合同订单录入：采购部门完成合同签订及交接，并完成采购订单正确录入的时间，以ERP系统记录时间为准。

6）设计会审：建设部门组织设计会审，并发布设计会审会议纪要的时间，以会审会议纪要文件印发时间为准。

7）设计批复：建设主管部门根据设计会审结果完成设计批复的时间，以设计批复文件印发时间为准。

8）质量监督申报：设计批复完成后，在开工前建设部门向通信主管部门提交质量监督申报的时间，以质监管理平台记录时间为准。

9）设备到货验收：项目整体到货且完成现场到货验收的时间，以书面到货报告或领料单中确认的时间为准。

10）订单接收：建设部门或其他相关部门按照职责分工，根据实际物资到货或服务执行情况，完成全部订单接收操作的时间，以ERP系统记录时间为准。

11）开工启动：所有必需的开工条件具备后，开工申请单审批完成，开始工程实施相关工作的时间，以书面开工报告中确认的时间为准。

12）设备安装：项目整体安装测试完成的时间，以书面安装测试报告中确认的时间为准。

13）系统调测：系统完成全部联调测试的时间，以书面测试报告中确认的时间为准。

14）验收测试：项目全部内容验收测试完成的时间，以书面验收测试报告中确认的时间为准。

15）完工：系统软件、硬件设备安装调测完毕，完成现场验收测试，具备割接上线条件的时间。以书面完工报告中确认的时间为准。

16）割接上线（交维）：验收测试完成、资产核查完成且维护部门同意割接后，建设部门组织割接上线，维护部门配合进行割接期间及割接上线后的拨打测试和业务验证工作，并在割接成功的同时接管系统（设备）的日常运行监控及维护的时间，以书面上线交维报告中确认的时间为准。

17）转资：项目整体达到预定可使用状态提出资产暂估申请并完成转资的时间，以ERP系统记录时间为准。

18）结算审计：项目完工后，建设部门提出工程结算审计申请和完成结算审计的时间，以审计系统中审计申请流程到达审计部门时间和完成审计报告确认的时间为准。

19）试运行：工程完成上线交维后进入试运行，试运行结束编制试运行报告，以书面试运行报告中确认的时间为准。

20）竣工验收：试运行通过后，财务部门出具正式竣工决算报表，建设部门编制竣工验收报告，并组织竣工验收评审，评审通过后报建设主管部门完成批复的时间，以竣工验收批复文件印发时间为准。

21）竣工验收备案：项目竣工验收批复完成后，建设部门向通信主管部门提交竣工验收备案的时间，以质监管理平台记录时间为准。

22）竣工决算审计：项目竣工验收批复完成后，建设部门提出工程决算审计申请和完成决算审计的时间，以审计系统中审计申请流程到达审计部门时间和完成审计报告确认的时间为准。

23）竣工决算批复：决算审计完成后，财务部门完成竣工决算批复的时间，以竣工决算批复文件印发时间为准。

24）项目归档：项目竣工验收批复或决算审计完成后，建设部门完成项目归档的时间以书面工程档案交接单签署时间为准。

6.2.2　通信工程进度计划管理

通信工程进度计划管理包括项目进度计划管理和现场进度计划管理。项目进度管理是指依据项目基本建设程序的对标准监控点的24个关键路径进行进度管控。现场进度管理是指建设部门组织设计、施工、监理单位进行现场勘察设计、工程实施，对设计、实施过程的进度进行管控。

1. 项目进度管理

项目进度计划的编制应充分征询相关部门对分解任务的进度计划要求，明确计划、采购、财务、审计、工程建设、网络维护等相关部门的分解任务内容及进度要求，明确各部门分解任务间的衔接要求。项目进度计划编制应满足业务发展需要，根据基本建设程序和管理流程，设置合理建设周期。

以下为某运营商对其中部分关键路径的基本时间要求。

1）设计会审纪要时间：根据项目建设规模一般应在立项批复后3个月内或主设备合同签订后15个工作日内召开设计会审会议。设计会审会议召开后应在10个工作日内完成设计会审会议纪要文件印发。

2）设计批复时间：设计会审会议纪要后15个工作日内。设计文本正式出版时间应在设计批复时间之后。

3）质量监督申报时间：设计批复后，开工前5个工作日前。

4）开工时间：原则上项目立项后最长一年内应开工建设，特殊项目需延期开工的，应当向立项批复部门提交延期申请。开工建设只能延期一次，延长期限最长不超过一年。

5）完工时间：根据项目建设规模、业务发展需要和到货时间，设置合理建设周期，以立项或设计批复文件中要求的完工时间为准。

6）转资完成时间：项目完工达到预定可使用状态后一个月内。

7）上线交维时间：项目完工后一个月内。

8）结算审计申请时间：项目完工后28天内。

9）结算审计完成时间：安排审计之日起60个工作日。

10）试运行时间：一般为上线交维后1~3个月，对于网络架构特别复杂、采用新技术新业务的项目，试运行期可延长，但一般不超过6个月。

11）竣工验收会议纪要时间：试运行期满后20天内完成竣工验收会议纪要文件印发。原则上试运行期满后10个自然日内召开竣工验收会议，竣工验收会议召开后应在10个自然日内完成竣工验收会议纪要文件印发。

12）竣工验收批复时间：试运行期满后一个月内完成项目竣工验收批复。竣工验收会议纪要印发后10个自然日内完成竣工验收批复文件印发。

13）竣工验收备案时间：竣工验收批复后15天内。

14）竣工决算审计申请时间：竣工验收批复后28天内。

15）竣工决算审计完成时间：安排审计之日起40个工作日。

16）竣工决算批复时间：竣工决算批复申请后20个工作日内。

17）项目归档时间：竣工验收批复后 3 个月内，对于包含决算审计的项目，应在决算审计完成后 3 个月内移交。

2. 现场进度管理

现场进度管理通常包括进度计划与进度控制两个部分。现场进度计划是项目进度计划的细化，原则上不能突破项目进度计划的时间要求。勘察设计进度包括现场勘察进度和设计进度。勘察设计进度计划应根据项目建设规模和复杂度合理设置。现场实施进度计划编制应根据各专业标准化工序的标准工期，结合工程规模、建设内容、供货计划、建设复杂度、人员组织等情况进行编制，细化各个标准监控点所涉及的全部工作内容和时间计划。

进度控制是参与各方确保项目按照进度计划执行。其中项目的业主将成为主要的管理方，对整个通信工程建设项目的进度控制进行负责，主要任务为控制设计准备阶段、设计工作、施工阶段、物资材料采购进度等阶段的进度。项目设计方的进度管理任务主要为根据与业主方签订的合同，控制设计工作的进度。施工方的进度管理任务主要是根据与业主签订的合同控制整个施工的进度。

（1）组织开展工作分解

为保证工程项目能按期完成工程进度预期目标，需要对施工进度总目标从不同角度层层分解，形成施工进度控制目标体系，从而作为实施进度控制的依据。

组织开展
工作分解

1）按工程项目组成分解，确定各单项工程开工和完工日期。各单项工程的进度目标在工程项目建设总进度计划及建设工程年度计划中都有体现。在施工阶段应进一步明确各单项工程的开工和完工日期，以确保施工总进度目标的实现。

2）按施工单位分解，明确分工条件和承包责任。在一个单项工程中有多个施工单位参加施工时，应按施工单位将单项工程的进度目标分解，确定出各分包单位的进度目标，列入分包合同，以便落实分包责任，并根据各专业工程交叉施工方案和前后衔接条件，明确不同施工单位工作面交接的条件和时间。

3）按施工阶段分解，划定进度控制分界点。根据工程项目的特点，应将施工分成几个阶段，每一阶段的起止时间都要有明确的标志。特别是不同单位承包的不同施工段之间，更要明确划定时间分界点，以此作为形象进度的控制标志，从而使单项工程完工目标具体化。

4）按计划期分解，组织综合施工。

将工程项目的施工进度控制目标按年度、季度、月（旬）进行分解。计划期越短，进度目标越细，进度跟踪就越及时，发生进度偏差时也就越能有效地采取措施予以纠正。这样，就形成一个有计划有步骤协调施工长期目标对短期目标自上而下逐级控制、短期目标对长期目标自下而上逐级保证、逐步趋近进度总目标的局面，最终达到工程项目按期竣工交付使用的目的。

（2）编制现场进度计划

1）制定总进度控制计划。制定总进度控制计划之前一定要明确该项目实施进度管理的最终目标是什么，确定每一个分项目从施工到结束所需要的时间，注意各个分项目之间所制定的进度计划是相互制约的，是有逻辑关系的。制定总进度控制计划一定要注意与合同条约要求以及作业要求相符合，以免与其他项目管理工作相冲突。总计划的制定最好是由甲方牵头，并与各个分项目的负责人、总承包单位以及各个分包单位一起参加，确保总计划在得到各个参与方的同意之后实施，总计划一旦确定就不能随便进行更改。

2）制定阶段性的进度计划。制定阶段性的进度计划时首先要保证能够对某一个阶段的施工或者某一个专业施工的进度安排是合理的，包括机房、外电项目等相关的进度计划。分阶段的进度计划必须符合总计划，若是有矛盾冲突则应该在获得甲方认可之后才能进行修改。

3）制定周进度计划。周进度计划实际上是对分阶段进度计划的细化，这样更有利于把握和控制进度计划的成功实施。可以针对具体的建设项目，比如基站的建设等，在某一个时间段之内进行具体的进度计划，包括这一时间段内应该完成的工作量等。周进度计划一定要全面，灵活性高，便于调整，而且可操作性要强。

（3）现场进度控制

现场进度控制是工程建设核心控制管理内容，控制效果的好坏对于整体工程的质量影响重大。现场进度控制的总目标是确保工程施工既定目标工期的实现，或者在保证施工质量和不因此而增加施工实际成本的条件下，适当缩短施工工期。

实践中，可采用倒排工期的方式对每天、每月、每季度的进度进行审核，如果出现进度与预期不符的问题，须及时查摆问题，然后尽快纠正，确保进度计划的顺利完成。对于施工过程中的变更问题，也需要严格控制，杜绝随意变更，以避免对施工进度产生较大影响。如果确实需要进行工程变更，则必须严格审核程序，并相应地拟定出后续解决方案，以有效处理变更所引起的进度拖延。

6.3 通信工程项目进度管理工具

随着时代发展，项目管理已逐渐成为前沿性、技术性工作，尤其在现代科技的赋能下，各管理环节不断引入新型管理工具，旨在强化管理工作执行，提升管理效能。就进度管理而言，实践中可利用横道图、网络计划图等先进工具。

6.3.1 横道图

横道图又称甘特图，最早为甘特提出并开始使用，由于其形象直观易于编制和理解，因此长期以来被广泛运用于工程建设进度控制中。一般用横坐标表示时间，纵坐标表示工程项目或工序，进度线为水平线条。适用于编制总体性的控制计划、年度计划、月度计划等。图 6-1~图 6-3 是不同颗粒度的几个横道图。

1）某基站项目施工总进度计划横道图（见图 6-1）。
2）某基站设备安装工程施工进度横道图（见图 6-2）。
3）某基站外市电引入单项工程进度横道图（见图 6-3）。

在通信工程进度管理中，施工单位管理人员可以将整个工作的建设工序、环节及其进度时间等以甘特图形式绘制出来，然后在后续管理中根据实际完工情况对图示进行更新，如此就能够直观地把握工程项目的进度节奏，以便及时对其进行调整。

用甘特图表示工程建设进度计划，也存在某些不足：

1）不能明确地反映各项工作之间的复杂关系，因而在计划执行过程中，当某些工作的进度由于某种原因提前或推迟时，不便于分析它对其他工作及总工期的影响，不利于工程进度的动态管理。

2）不能明确地反映影响工期的关键工作和关键线路，因而不便于工程进度管理人员抓住主要矛盾。

3）不能反映工作所应有的机动时间，无法进行最合理的组织和管理。

序号	分项工程 \ 进度(周)	1	2	3	4	5	6	7	8	9	10	11	12	13	14	15	16	17	18	19	20	21	22	23	24
1	项目启动、设计文件会审、施工安全交底	—																							
2	施工现场勘查		—																						
3	施工技术交底		—																						
4	设备安装			——	——	——	——	——	——	——	——	——	——	——											
5	管道施工			——	——	——	——	——	——																
6	光缆施工				——	——	——	——	——	——	——	——	——	——	——										
7	站点/客户端开通调测														——	——	——	——	——						
8	施工过程中的资料收集、竣工资料编制															——	——	——	——						
9	竣工验收																			——	——				
10	结算编制及送审																				——	——	——		
11	交维																								—

图 6-1 某基站项目施工总进度计划横道图

专业	项目 \ 进度	5%	10%	15%	20%	25%	30%	35%	40%	45%	50%	55%	60%	65%	70%	75%	80%	85%	90%	95%	100%
设备安装施工	施工勘察、设计会审	—																			
	人器准备、政策处理	—																			
	采购、领取物料		——	——	——	——	——	——	——	——	——										
	站点协调		——	——	——	——	——	——													
	硬件安装			——	——	——	——	——	——	——	——	——	——	——	——						
	单机测试													——	——						
	系统测试					——	——	——	——	——	——	——	——								
	自检自验															——	——				
	编制竣工资料																	——	——		
	竣工验收																			——	
	交付使用																				—

图 6-2 某基站设备安装工程施工进度横道图

序号	施工项目工序 \ 进度(日)	1	2	3	4	5	6	7	8	9	10	11	12	13	14	15
1	通信机房用电报装	—														
2	施工勘察、设计会审		—													
3	主要材料设备进场			—												
4	人、机具及仪表进场,施工技术交底				—											
5	施工报备,施工协调					—										
6	杆路架设						—									
7	管道、直埋、架空电力电缆敷设							——	——	——	——					
8	配电屏、空开及电表安装											—				
9	编制竣工资料												—			
10	工程自检自验													—		
11	竣工验收														—	
12	交付使用															—

图 6-3 某基站外市电引入单项工程进度横道图

4）不能反映工程造价与工期之间的关系，因而不便于降低工程建设成本。

6.3.2 网络计划技术

网络计划技术自 20 世纪 50 年代出现以来已得到迅速发展和应用，在通信工程建设进度控制管理中，进度计划也可以用网络图来表示。实际应用表明，不论是设计阶段的进度控制还是施工阶段的进度控制，均可使用网络计划技术。美国较多使用双代号网络计划，欧洲则较多使用单代号网络计划。我国 JGJ/T 121—2015《工程网络计划技术规程》推荐的常用工程网络计划类型包括双代号网络计划、单代号网络计划、双代号时标网络计划等。限于篇幅，本书主要对应用较为普遍的双代号网络计划进行介绍。

1. 网络计划技术的基本概念

网络计划技术利用网络图的形式表达一项工程中各项工作的先后顺序及逻辑关系，经过计算分析，找出关键工作和关键线路，并按照一定目标使网络计划不断完善，以选择最优方案；在计划执行过程中进行有效的控制和调整，力求以较小的消耗取得最佳的经济效益和社会效益。

网络计划的优点：把施工过程中的各有关工作组成了一个有机的整体，能全面而明确地反映出各项工作之间的相互制约和相互依赖的关系；可以进行各种时间参数的计算，能在工作繁多、错综复杂的计划中找出影响工程进度的关键工作和关键线路，便于管理人员抓住主要矛盾，集中精力确保工期，避免盲目抢工；通过对各项工作机动时间（时差）的计算，可以更好地运用和调配人员与设备，节约人力、物力，达到降低成本的目的；在计划执行过程中，当某一项工作因故提前或延后时，能从网络计划中预见到它对其后续工作及总工期的影响程度，便于采取措施。

（1）网络图

网络图是由箭线和节点按照一定规则组成的、用来表示工作流程的、有向有序的网状图形。网络图分为双代号网络图和单代号网络图两种形式，由一条箭线与其前后两个节点来表示一项工作的网络图称为双代号网络图；而由一个节点表示一项工作，以箭线表示工作顺序的网络图称为单代号网络图。

（2）网络计划与网络计划技术

用网络图表达任务构成、工作顺序并加注工作的时间参数的进度计划，称为网络计划。用网络计划对任务的工作进度进行安排和控制，以保证实现预定目标的科学的计划管理技术，称为网络计划技术。

（3）网络图的表示方法

网络图由箭线、节点、节点编号、虚箭线、线路五个基本要素构成。对于每一项工作而言，其基本形式如图 6-4 所示。

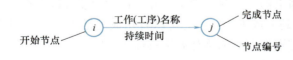

图 6-4　网络图的基本形式

1）箭线。在双代号网络图中，一条箭线表示一项工作（又称工序、作业或活动），如砌墙、抹灰等。而工作所包括的范围可大可小，既可以是一道工序，也可以是一个分项工程或一个分部工程,甚至是一个单位工程。箭线的尾端表示该项工作的开始,箭头端则表示该项工作的结束。

2)节点。在双代号网络图中,节点是网络图中箭线之间的连接点,在时间上节点表示指向某节点的工作全部完成后该节点后面的工作才能开始的瞬间。

在一个完整的网络图中,除了最前的起点节点和最后的终点节点外,其余任何一个节点都具有双重含义——既是前面工作的完成点,又是后面工作的开始点。

3)节点编号。在双代号网络图中,一项工作可以用其箭线两端节点内的号码来表示,以方便网络图的检查、计算与使用。一项工作应当只有唯一的一条箭线和相应的一对节点,且要求箭尾节点的编号小于箭头节点的编号。节点编号的顺序应从小到大,可不连续,但不允许重复。

4)虚箭线。虚箭线又称虚工作,它表示一项虚拟的工作,用带箭头的虚线表示。虚工作的特点是既不消耗时间,也不消耗资源。虚箭线可起到联系、区分和断路作用,是双代号网络图中表达一些工作之间的相互联系、相互制约关系,从而保证逻辑关系正确的必要手段。

5)线路。在网络图中,线路是指从网络图的开始节点到结束节点沿箭线连续指示方向前进能形成的每一条完整的通路。线路中各项工作持续时间之和就是该线路的长度。网络图中总历时最长的线路为关键线路,其余线路为非关键线路。关键线路上的各项工作称为关键工作。

可以看出图6-5所示的网络图中,总共有五条线路,见表6-1。

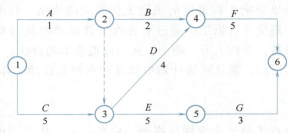

图6-5 双代号网络图

表6-1 双代号网络图的线路

序号	线路	线长(天)
1	①→②→④→⑥	8
2	①→②→③→④→⑥	10
3	①→②→③→⑤→⑥	9
4	①→③→④→⑥	14
5	①→③→⑤→⑥	13

可以看出,第四条线路耗时最长(14天),对整个工程的完工起着决定性的作用,称为关键线路;位于非关键线路上的工作除关键工作外,都称为非关键工作,它们都有机动时间(即时差);非关键工作也不是一成不变的,它可以转化成关键工作;利用非关键工作的机动时间可以科学地、合理地调配资源和对网络计划进行优化。

(4)双代号网号相关概念

双代号网络相关概念图如图6-6所示。

1)紧前工作和先行工作。在网络图中,相对于某工作而言,紧排在该工作之前的工作称为该工作的紧前工作。双代号网络图中,工作与其紧前工作之间可能有虚工作存在。紧前工作

图 6-6 双代号网络相关概念图

不结束，则该工作不能开始。

相对于某工作而言，从网络图中的第一个节点（起始节点）开始，顺箭头方向经过一系列箭线与节点到达该工作为止的各条通路上的所有工作，都成为该工作的先行工作。

紧前工作必是先行工作，先行工作不一定是紧前工作。

2）紧后工作和后续工作。在网络图中，相对于某工作而言，紧接在该工作之后的工作称为该工作的紧后工作。双代号网络图中，工作与其紧后工作之间也可能有虚工作存在。该工作不结束，则紧后工作不能开始。

相对于某工作而言，从该工作之后开始，顺箭头方向经过一系列箭线与节点到达网络图最后一个节点（终点节点）的各条通路上的所有工作，都成为该工作的后续工作。

紧后工作必是后续工作，后续工作不一定是紧后工作。

3）平行工作。在网络图中，相对于某工作而言，可以与该工作同时进行的工作即为该工作的平行工作。

2. 双代号网络图的绘制

（1）绘图的基本规则

1）必须正确表达已定的逻辑关系。双代号网络图中各工作逻辑关系的表示方法见表 6-2。

双代号网络图的绘制

表 6-2 双代号网络图中各工作逻辑关系的表示方法

序号	工作之间的逻辑关系	网络图中的表示方法	说明
1	A 工作完成后才进行 B 工作	○—A→○—B→○	A 工作制约着 B 工作的开始，B 工作依赖着 A 工作
2	A、B、C 三项工作同时开始		A、B、C 三项工作称为平行工作
3	A、B、C 三项工作同时结束		A、B、C 三项工作称为平行工作
4	有 A、B、C 三项工作。只有 A 完成后，B、C 才能开始		A 工作制约着 B、C 工作的开始，B、C 为平行工作
5	有 A、B、C 三项工作。C 工作只有在 A、B 完成后才能开始		C 工作依赖着 A、B 工作，A、B 为平行工作

(续)

序号	工作之间的逻辑关系	网络图中的表示方法	说明
6	有 A、B、C、D 四项工作。只有当 A、B 完成后，C、D 才能开始		通过中间节点 i 正确地表达了 A、B、C、D 工作之间的关系
7	有 A、B、C、D 四项工作。A 完成后 C 才能开始，A、B 完成后 D 才能开始		D 与 A 之间引入了逻辑连接（虚工作），从而正确地表达了它们之间的制约关系
8	有 A、B、C、D、E 五项工作。A、B 完成后 C 才能开始，B、D 完成后 E 才能开始		虚工作 i-j 反映出 C 工作受到 B 工作的制约；虚工作 i-k 反映出 E 工作受到 B 工作的制约
9	有 A、B、C、D、E 五项工作。A、B、C 完成后 D 才能开始，B、C 完成后 E 才能开始		虚工作反映出 D 工作受到 B、C 工作的制约
10	A、B 两项工作分三个施工段，平行施工		每个工种工程建立专业工作队，在每个施工段上进行流水作业，虚工作表达了工种间的工作

2）网络图中，只能有一个起点节点；在不分期完成任务的网络计划（单目标网络计划）中，应只有一个终点节点；而其他节点均应是中间节点。

3）网络图中严禁出现循环回路。如图 6-7 所示为有循环回路错误的网络图。

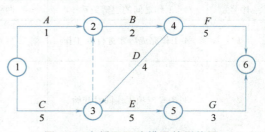

图 6-7 有循环回路错误的网络图

4）网络图中不允许出现相同编号的工作，如图 6-8 所示。

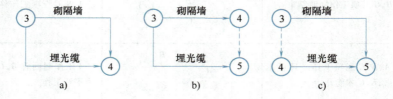

图 6-8 相同编号的工作示意
a）错误 b）、c）正确

5）不允许出现无开始节点或无完成节点的工作，如图 6-9 所示。

6）在节点之间，严禁出现带双向箭头或无箭头的连线。

（2）绘制网络图的要求与方法

网络图要布局规整、条理清晰、重点突出。绘制网络图时，应尽量采用水平箭线和垂直箭线而形成网格结构，尽量减少斜箭线，使网络图规整、清晰。其次，应尽量把关键工作和关键线路布置在中心位置，尽可能把密切相连的工作安排在一起，以突出重点，便于使用。

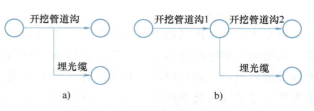

图6-9　无开始节点的工作示意

a）错误　b）正确

绘制网络图首先要分析各项工作之间的逻辑关系，然后才能进行网络图的绘制。下面以表6-3所示工作逻辑关系来说明双代号网络图的绘制。

表6-3　某工作逻辑关系

工作	A	B	C	D	E
紧前工作	—	—	A	A、B	B

1）绘制无紧前工作的工作，使它们具有相同的开始节点，以保证网络只有一个起始节点。由表6-3可知，工作A、B没有紧前工作，因此先绘制这两个工作，使其开始于同一个节点，如图6-10所示。

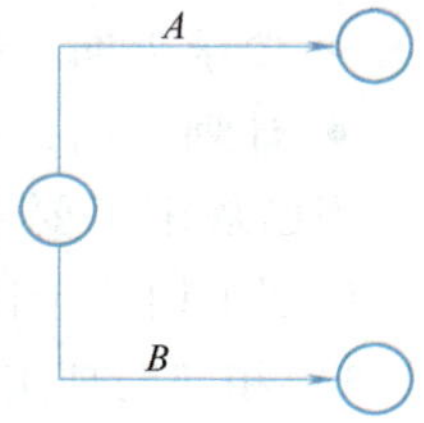

2）依次绘制其他工作。这些工作的绘制条件是其所有紧前工作都已经绘制出来。如图6-11和图6-12所示。

3）各项工作都绘制结束后，对没有紧后工作的工作，将其箭头节点合并，以保证网络图只有一个终点节点，如图6-13所示。

图6-10　绘制无紧前工作的工作

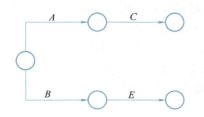

图6-11　绘制有紧前工作的工作C、E

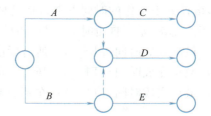

图6-12　绘制有紧前工作的工作D

4）确认网络图绘制无误后，进行节点编号，编号可以是连续的也可以是不连续的。需要注意的是，无论哪种编号都要保证编号不可重复，且任意一条箭线的箭尾编号要小于箭头编号，如图6-14所示。

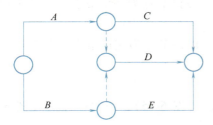

图6-13　合并没有紧后工作的工作箭头节点

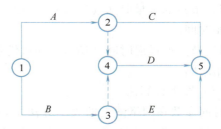

图6-14　绘制完整后的网络图

3. 双代号网络计划时间参数的计算

双代号网络计划时间参数的计算

网络图只是用网络的形式表达出了工作之间的逻辑关系。而网络计划还需要在网络图上加注时间参数。网络计划时间参数的计算应在各项工作的持续时间确定之后进行。通过时间参数的计算，可以找出关键工作、关键线路、非关键工作、非关键线路及时差。为网络计划的优化、调整和执行提供明确的时间概念。时间参数的计算方法包括图上计算法、分析计算法、表上计算法、矩阵计算法、电算法等。本书主要介绍实际工作中运用最广泛的图上计算法。

（1）网络计划时间参数的概念

时间参数是指网络计划、工作及节点所具有的各种时间值。

1）工作持续时间。工作持续时间是指一项工作从开始到结束的时间。此时间值既可以通过计算获得，也可以通过实践经验估算出来，双代号网络计划中，工作 i–j 的持续时间一般用 D_{i-j} 表示。

2）工期。

- 计算工期，指根据网络计划时间参数计算得到的工期，用 T_c 表示。
- 要求工期，指任务委托人所提出的指令性工期，用 T_r 表示。
- 计划工期，指根据计算工期和要求工期所确定的作为实施目标的工期，用 T_p 表示。

当已规定了要求工期时，计划工期（T_p）不应超过要求工期（T_r）；当未规定要求工期时，计划工期等于计算工期（T_c）。

3）相邻两项工作之间的时间间隔。相邻两项工作之间的时间间隔是指本工作的最早完成时间与其紧后工作最早开始时间之间可能存在的差值。

（2）工作的时间参数

网络计划中工作的时间参数包括最早开始的时间、最早完成的时间、最迟完成时间、最迟开始时间、总时差、自由时差、节点的最早时间、节点的最迟时间。

1）最早开始时间（ES_{i-j}）：所有紧前工作全部完成后，本工作有可能开始的最早时刻。

2）最早完成时间（EF_{i-j}）：所有紧前工作全部完成后，本工作有可能完成的最早时刻。

3）最迟完成时间（LF_{i-j}）：在不影响整个任务按期完成的前提下，本工作必须完成的最迟时刻。

4）最迟开始时间（LS_{i-j}）：在不影响整个任务按期完成的前提下，本工作必须开始的最迟时刻。

5）总时差（TF_{i-j}）：在不影响总工期的前提下，本工作可以利用的机动时间。

6）自由时差（FF_{i-j}）：在不影响其紧后工作最早开始时间，本工作可以利用的机动时间。

7）节点的最早时间（ET_i）：在双代号网络计划中，以该节点为开始节点的各项工作的最早开始时间。

8）节点的最迟时间（LT_j）：在双代号网络计划中，以该节点为完成节点的各项工作的最迟开始时间。

（3）图上计算法

时间参数在网络图上的表示方法主要有二时标注法（图 6-15），四时标注法（图 6-16），六时标注法（图 6-17）等，具体标注形式如下。

下面以图 6-18 为例，说明按工作计算时间参数、寻找关键线路的过程。

图 6-15　二时标注法　　　　图 6-16　四时标注法　　　　图 6-17　六时标注法

1）最早时间的计算。最早时间包括工作最早开始时间（ES）和工作最早完成时间（EF）。

① 工作最早开始时间。工作最早开始时间亦称工作最早可能开始时间。它是指紧前工作全都完成，具备了本工作开始的必要条件的最早时刻。工作 $i\text{-}j$ 的最早开始时间用 $\text{ES}_{i\text{-}j}$ 表示。

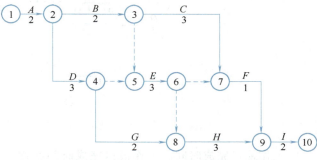

图 6-18　某双代号网络计划

由于最早开始时间是以紧前工作的最早开始或最早完成时间为依据，所以，它的计算必须在各紧前工作都计算后才能进行。因此该种参数的计算，必须从网络图的起点节点开始，顺箭线方向逐项进行，直到终点节点为止。

凡与起点节点相连的工作都是计划的起始工作，当未规定其最早开始时间 $\text{ES}_{i\text{-}j}$ 时，其值都定为零，即

$$\text{ES}_{i\text{-}j} = 0 \quad (i=1) \tag{6-1}$$

所有其他工作的最早开始时间的计算方法是：将其所有紧前工作 $h\text{-}i$ 的最早开始时间 $\text{ES}_{h\text{-}i}$ 分别与各工作的持续时间 $D_{h\text{-}i}$ 相加，取和数中的最大值；当采用六参数法计算时，可取各紧前工作最早完成时间的最大值。计算公式为

$$\text{ES}_{i\text{-}j} = \max\{\text{ES}_{h\text{-}i} + D_{h\text{-}i}\} = \max\{\text{EF}_{h\text{-}i}\} \tag{6-2}$$

式中，$\text{ES}_{h\text{-}i}$ 为工作 $i\text{-}j$ 的紧前工作 $h\text{-}i$ 的最早开始时间；$D_{h\text{-}i}$ 为工作 $i\text{-}j$ 的紧前工作 $h\text{-}i$ 的持续时间；$\text{EF}_{h\text{-}i}$ 为工作 $i\text{-}j$ 的紧前工作 $h\text{-}i$ 的最早完成时间。

② 工作最早完成时间。工作最早完成时间亦称工作最早可能完成时间。它是指一项工作在按最早开始时间开始的情况下，该工作可能完成的最早时刻。工作 $i\text{-}j$ 的最早完成时间用 $\text{EF}_{i\text{-}j}$ 表示，其值等于该工作最早开始时间与其持续时间之和。计算公式为

$$\text{EF}_{i\text{-}j} = \text{ES}_{i\text{-}j} + D_{i\text{-}j} \tag{6-3}$$

在采用六参数计算法时，某项工作的最早开始时间计算后，应立即将其最早完成时间计算出来，以便于其紧后工作的计算。

图 6-18 所示案例的最早开始时间、最早完成时间计算如图 6-19 所示。

2）确定计算工期 T_c。计算工期等于以网络计划的终点节点为箭头节点的各个工作的最早完成时间的最大值。当网络计划终点节点的编号为 n 时，计算工期为

$$T_c = \max\{\text{EF}_{i\text{-}n}\} \tag{6-4}$$

当无要求工期的限制时，取计划工期等于计算工期，即

$$T_p = T_c \tag{6-5}$$

所以图 6-18 所示案例中 $T_p = T_c = 13$。

3）最迟时间的计算。最迟时间包括工作最迟完成时间（LF）和工作最迟开始时间（LS）。

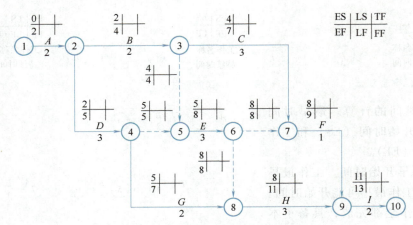

图 6-19 最早开始时间、最早完成时间计算

① 工作最迟完成时间。工作最迟完成时间亦称工作最迟必须完成时间。它是指在不影响整个工程任务按期完成的条件下，一项工作必须完成的最迟时刻，工作 $i-j$ 的最迟完成时间用 LF_{i-j} 表示。

计算需依据计划工期或紧后工作的要求进行。因此，应从网络图的终点节点开始，逆着箭线方向朝起点节点依次逐项计算，从而使整个计算工作形成一个逆箭线方向的减法过程。

网络计划中最后（结束）工作 $i-n$ 的最迟完成时间 LF_{i-n} 应按计划工期 T_p 确定，即

$$LF_{i-n} = T_p \tag{6-6}$$

其他工作 $i-j$ 的最迟完成时间的计算方法是：从其所有紧后工作 $j-k$ 的最迟完成时间 LF_{j-k} 分别减去各自的持续时间 D_{j-k}，取差值中的最小值；当采用六参数计算法时，本工作的最迟结束时间等于各紧后工作最迟开始时间的最小值。就是说，本工作的最迟结束时间不得影响任何紧后工作，进而不影响工期。计算公式为

$$LF_{i-j} = \min\{LF_{j-k} - D_{j-k}\} = \min\{LS_{j-k}\} \tag{6-7}$$

② 工作最迟开始时间。工作的最迟开始时间亦称最迟必须开始时间。它是在保证工作按最迟完成时间完成的条件下，该工作必须开始的最迟时刻。本工作的最迟开始时间用 LS_{i-j} 表示，计算方法为

$$LS_{i-j} = LF_{i-j} - D_{i-j} = \min\{LS_{j-k}\} - D_{i-j}$$

图 6-18 所示案例的最迟完成时间、最迟开始时间计算如图 6-20 所示。

4）工作时差的计算。工作时差是指在网络图的非关键工作中存在的机动时间，或者说是在不致影响工期或下一项工作开始的情况下，一项工作最多允许推迟的时间。它表明工作有多大的机动时间可以利用。时差越大，工作的时间潜力也越大。常用的时差有工作总时差（TF）和工作的自由时差（FF）。

① 总时差。工作总时差是指在不影响工期的前提下，一项工作所拥有机动时间的最大值。工作 $i-j$ 的总时差用 TF_{i-j} 表示。

工作总时差等于工作最早开始时间到最迟完成时间这段极限活动范围，再扣除工作本身必需的持续时间所剩余的差值。用公式表达为

$$TF_{i-j} = LF_{i-j} - ES_{i-j} - D_{i-j} \tag{6-8}$$

经稍加变换可得

$$TF_{i-j} = LF_{i-j} - (ES_{i-j} + D_{i-j}) = LF_{i-j} - EF_{i-j} \quad (6-9)$$

或

$$TF_{i-j} = (LF_{i-j} - D_{i-j}) - ES_{i-j} = LS_{i-j} - ES_{i-j} \quad (6-10)$$

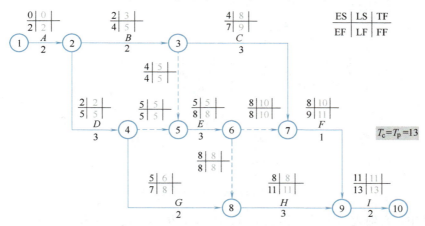

图 6-20 最迟完成时间、最迟开始时间计算

通过工作总时差的计算，可以方便地找出网络图中的关键工作和关键线路。总时差为"0"者，意味着该工作没有机动时间，即为关键工作，由关键工作所构成的线路，就是关键线路。关键线路至少有一条，但不见得只有一条。工作总时差是网络计划调整与优化的基础，是控制施工进度、确保工期的重要依据。

② 自由时差。自由时差是总时差的一部分，是指一项工作在不影响其紧后工作最早开始的前提下，可以灵活使用的机动时间。用符号 FF_{i-j} 表示。

自由时差等于本工作最早开始时间到紧后工作最早开始时间这段极限活动范围，再扣除工作本身必需的持续时间所剩余的差值。用公式表达为

$$FF_{i-j} = ES_{j-k} - ES_{i-j} - D_{i-j} \quad (6-11)$$

经稍加变换可得

$$FF_{i-j} = ES_{j-k} - (ES_{i-j} + D_{i-j}) = ES_{j-k} - EF_{i-j} \quad (6-12)$$

采用六参数法计算时，用紧后工作的最早开始时间减本工作的最早完成时间即可。对于网络计划的结束工作，应将计划工期看作紧后工作的最早开始时间进行计算。

最后工作的自由时差均等于总时差。当计划工期等于计算工期时，总时差为零者，自由时差亦为零。当计划工期不等于计算工期时，最后关键工作的自由时差与其总时差相等，其他关键工作的自由时差均为零。

自由时差的利用不会对其他工作产生影响，因此常利用它来变动工作的开始时间或增加持续时间，以达到工期调整和资源优化的目的。

图 6-18 所示案例的总时差、自由时差的计算如图 6-21 所示。

5）确定关键工作和关键线路。在网络计划中，总时差最小的工作为关键工作。当网络计划的计划工期等于计算工期时，总时差为零的工作就是关键工作。找出关键工作之后，将这些关键工作首尾相连，便构成从起始节点到终点节点的通路，位于该通路上各项工作的持续时间总和最大，这条通路就是关键线路。在关键线路上可能有虚工作存在。

关键线路一般用粗箭线或双线箭线标出，也可用彩色箭线标出。关键线路上各项工作的持续时间总和应等于网络计划的计算工期，这一特点也是判别关键线路是否正确的准则。

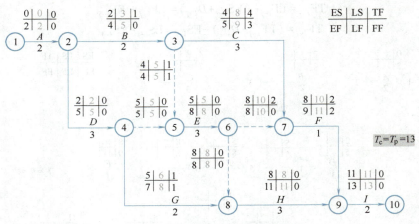

图 6-21　总时差、自由时差计算

如图 6-22 中，总时差为零的工作包括 A、D、E、H、I，这些工作即为关键工作，将这些工作首尾相连即可构成一条从起始节点到终点节点的通路，即为关键线路，中间包括了虚工作，把各项关键工作的持续时间求和可得 2+3+3+3+2 = 13，恰好等于计算工期。

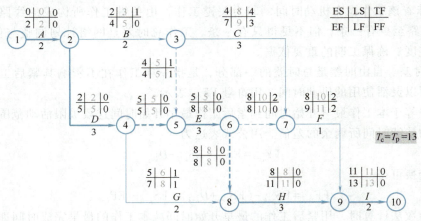

图 6-22　关键工作和关键线路确定

4. 网络计划的优化

网络计划的优化，就是在满足既定的约束条件下，按某一目标，对网络计划进行不断检查、评价、调整和完善，以寻求最优网络计划方案的过程。网络计划的优化有工期优化、费用优化和资源优化三种方式。

（1）工期优化

工期优化是在网络计划的工期不满足要求时，通过压缩计算工期以达到要求工期目标，或在一定约束条件下使工期最短的过程。

1）在确定需缩短持续时间的关键工作时，应按以下几个方面进行选择：

① 缩短持续时间对质量和安全影响不大的工作。

② 有充足备用资源的工作。

③ 缩短持续时间所需增加的工人或材料最少的工作。

④ 缩短持续时间所需增加的费用最少的工作。

2) 网络计划的工期优化步骤如下：

① 求出计算工期并找出关键线路及关键工作。

② 按要求工期计算出工期应缩短的时间目标 ΔT。计算式为

$$\Delta T = T_c - T_r \tag{6-13}$$

式中，T_c 为计算工期；T_r 为要求工期。

③ 确定各关键工作能缩短的持续时间。

④ 将应优先缩短的关键工作压缩至最短持续时间，并找出新的关键线路。若此时被压缩的工作变成了非关键工作，则应将其持续时间延长，使之仍为关键工作。

⑤ 若计算工期仍超过要求工期，则重复以上步骤，直到满足工期要求或工期已不能再缩短为止。

（2）费用优化

在一定范围内，工程的施工费用随着工期的变化而变化，在工期与费用之间存在着最优解的平衡点。费用优化就是寻求最低成本时的最优工期及其相应进度计划，或按要求工期寻求最低成本及其相应进度计划的过程。

工程的成本包括工程直接费和间接费两部分。直接费是指与完成工序有直接关系的费用，如人力、机械、原材料等费用。一定条件下，缩短工序持续时间，会增加直接费。间接费是完成工序所产生的管理费、设备租金等费用。一般情况下，缩短工序持续时间，加快项目进度，可节省间接费。费用与工期的关系曲线如图6-23所示。工程的总成本曲线是将不同工期的直接费和间接费叠加而成，其最低点就是费用优化所寻求的目标。该点所对应的工期，就是网络计划成本最低时的最优工期。

（3）资源优化

资源是为完成施工任务所需的人力、材料、机械设备和资金等的统称。完成一项工程任务所需的资源量基本上是不变的，不可能通过资源优化将其减少。资源优化是通过改变工作的开始时间，使资

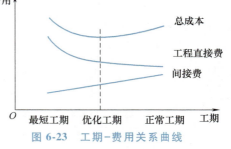

图 6-23 工期-费用关系曲线

源按时间的分布符合优化目标。如在资源有限时如何使工期最短，当工期一定时如何使资源均衡。

本章小结

本章知识点见表6-4。

表 6-4 本章知识点

序号	知识点	内容
1	通信工程项目进度管理的基本特点	系统性和整体性、专业性和变化性、风险性和难度性
2	通信工程项目进度管理的影响因素	运营商因素、勘察设计因素、施工技术因素、社会环境因素、自然环境因素、组织管理因素、设备材料供应因素、资金因素等
3	通信工程项目现场进度管理的内容	组织开展工作分解，编制现场进度计划，制订周进度计划，现场进度控制

（续）

序号	知识点	内容
4	横道图的形式	一般用横坐标表示时间,纵坐标表示工程项目或工序,进度线为水平线条
5	网络图的作用	表达一项工程中各项工作的先后顺序及逻辑关系,经过计算分析,找出关键工作和关键线路,并按照一定目标使网络计划不断完善,以选择最优方案;在计划执行过程中进行有效的控制和调整,力求以较小的消耗取得最佳的经济效益和社会效益
6	网络图的构成要素	网络图由箭线、节点、节点编号、虚箭线、线路五个基本要素构成
7	网络计划的优化种类	网络计划的优化,就是在满足既定的约束条件下,按某一目标,对网络计划进行不断检查、评价、调整和完善,以寻求最优网络计划方案的过程。网络计划的优化有工期优化、费用优化和资源优化三种方式

习题

1. 简述影响通信工程项目进度的因素。
2. 简述现场进度控制的内容。
3. 简述双代号网络图的绘制规则。

第 7 章 通信工程项目质量控制

通信工程项目建设是一个系统工程。随着国内外通信技术的发展，对通信工程建设的安全性、稳定性等都提出了更高、更新的要求。质量管理对通信工程项目建设具有重要的意义，只有保证工程的质量，才能确保人们日常工作和生活中的通信顺畅。因此，必须采取有效的措施来保障通信工程的施工质量，提高通信企业的市场竞争力。

学习要点
- 通信工程项目质量控制的概念及其影响因素。
- 通信工程项目的质量管理与控制。
- 通信工程质量事故的处理。
- 常用的数理统计方法。

素养目标
- 学习通信工程项目质量控制的基本理论，通信工程项目质量管理与控制，通信工程质量问题和质量事故的处理，增强质量意识。
- 学习主要的质量管理工具，特别注重以德为魂、技为本，开展育人教育。

7.1 通信工程项目质量控制概述

通信工程项目的质量问题不仅关系到通信网络的通畅使用，同时也决定着通信企业的生存和发展，因此，有效确保通信工程项目的质量不仅对于通信企业的发展来说至关重要，同时对于整个社会的通信使用和发展同样具有重要的意义。

7.1.1 通信工程项目质量控制的相关概念

通信工程项目的建设过程是一个复杂、技术含量很高、系统性强的过程，加强通信工程项目施工进度和质量的管理力度，能确保国家通信工程项目施工质量良好，促进我国通信事业的可持续发展，为人们提供良好的通信环境。

1. 通信工程项目质量控制的概念

通信工程项目质量控制致力于满足工程的质量要求。即通过采取一系列的措施、方法和手段来保证工程质量达到工程合同、设计文件、规程规范的标准。通信工程项目质量控制管理是集工程科学技术与管理学于一体的综合性学科。它是在通信工程科学技术的基础上，广泛应用于信息、通信、工程建设等的新型科学。由此可以看出，通信工程项目质量控制管理不但是确保通信网络的技术支持，还是企业管理科学的基础。

2. 通信工程项目质量控制的原则

1）通信工程项目的质量控制工作需要坚持质量为主的原则。在实际的建设施工过程中，通信工程项目的质量和使用方的利益有着密切关系。大部分通信工程项目成果需要长时间使用，这就更要求在建设过程中保证通信工程符合质量管理标准。

2）在通信工程项目的质量控制工作中还需要符合以人为本的原则。人是通信工程施工的主体，因此在实际的施工中处于主导位置，这就要求管理人员应当严格要求现场施工人员具备专业技术以及综合素质，施工人员的工作能力和专业水平对通信工程的施工质量有着十分明显的影响。这就需要在质量控制管理过程中坚持以人为本的原则，对施工人员进行有效的管理和监督。

3）在通信工程项目质量控制管理工作中应坚持预防为主的原则。在通信工程项目中，如果出现质量问题，则会对社会造成极大的损失，因此应当在质量管理过程中坚持积极预防的方针，在安全质量出现问题前进行有效的预防。

3. 通信工程项目质量控制的重要意义

通信工程项目的质量是通信企业的生存之本，是一切通信工程项目工作的重中之重。确保通信工程项目的质量，不仅关乎通信企业的自身发展，更是深刻影响整个社会与经济的发展。

1）通信技术使人们在有限的时间内快速地传递各种信息，有效地提高人们生活效率，为人们节省时间，还为政府机构等提供通信服务，为政治决策提供方便而快捷的技术支持。

2）确保通信质量是我国国民经济的要求。通信生产是集生产、消费于一体的特殊作业，任何通信质量问题，都可能给消费者带来利益损失，甚至导致整个生产链条的瘫痪，给我国经济造成不可估量的损失。

3）通信企业要想在竞争越来越激烈的市场中立足并且取得发展，与通信工程项目的高质量是分不开的。随着我国通信产业的对外开放，更多的国际通信巨头已经参与到我国通信领域的竞争中，我国通信企业所面临的竞争将会越来越激烈。在这样的市场竞争环境中，我国通信企业要想占领市场，就必须加强对通信质量的重视，提升用户的忠诚度，促进我国通信企业取得长远的发展。

7.1.2 通信工程质量问题的影响因素

影响施工项目质量的因素主要有人、材料、机械、方法、环境等，事前对这些因素严加控制，是保证工程质量的关键。参与通信建设的人员主要来自设计单位、建设单位、施工单位、监理单位；通信建设所用的材料种类也很多，而且价格差异很大；施工建设时用的机械设备的性能不同，操作者对设备的操作熟练程度也有差异；通信工程建设过程中各个环节参与者的设计方案、管理思路、施工组织等方式方法均有不同，只有严格控制这些因素，才能确保工程的最终质量。

通信工程质量问题影响的因素

1. 人的因素

人是通信建设工程的直接指挥者、组织者和操作者，人的能动性是过程控制的核心动力，人是工程项目产品的第一位因素，起着主导作用。人员的整体素质，首先体现在领导者的素质上。领导者整体素质的高低，组织机构的健全程度，管理制度的完善性，技术保障的有效性，整个过程协调配合是否合理等都直接影响到工程的质量。其次，人的理论、技术水平也能直接影响工程质量。为了提升工程质量，不仅要加强对施工队伍人员的劳动纪律教育、职业道德教育、专业技术培养，健全岗位责任制、改善劳动条件，还要根据工程特点，对技术复杂、难度大、精度高的工序或操作，安排技术熟练、经验丰富的施工人员来完成，同时严格禁止无技术资质的人员上岗操作。

对于通信工程项目来说，"人"主要包括项目经理、项目监理、设计与施工人员。对管理人员的专业素质进行有效控制，是通信工程项目质量控制管理工作中十分重要的内容。通过有效的方式进一步提高管理人员的专业水平和综合能力，可以让管理人员在实际的工作中及时地找出项目存在的质量安全隐患，并更好地督促施工单位解决问题，进而保证通信工程能够顺利高效地完成。相应地，也需要对施工人员进行管理。通过培训等方式进一步提高施工人员的操作水平和专业能力，让施工人员能够自觉按照相关施工标准和工艺进行施工，进而避免施工人员由于施工技术问题导致通信工程出现质量安全隐患。

2. 工程材料因素

工程的实体由构件材料、器件、半成品等种类繁多的材料组成。各类工程材料是工程建设的物质基础，材料的质量是工程项目质量的基础。工程材料选用是否合理、产品是否合格、材质是否经过检验、运输保管是否合理等，都将直接影响工程项目的质量。

对于通信工程项目来说，施工材料是通信工程施工的基础，因此施工材料的质量与通信工程项目的安全性和质量有着重要的关系。这就需要在采购施工材料时，根据通信工程的设计要求进行采购，严格控制施工材料的质量标准，防止劣质施工材料进入施工现场。在施工过程中，需要对所有施工材料进行有效的管理，在材料进入现场前，质量管理人员需要对材料和相关器械设备等进行质量检查，对于数量极大的材料需要采用抽查的方式进行质量检验，保证所有施工材料和设备符合通信工程的实际要求。如果施工材料不合格，则需要及时联系生产厂家更换材料，在保证材料质量后才能够入场。施工材料在进入现场后还需要进行安全有效的储存管理，保证现场存储环境干燥、通风，并做好防潮、防火等处理。

3. 机械设备、仪器仪表因素

机械设备、仪器仪表对工程质量的影响也是巨大的，机械设备、仪器仪表质量优劣、技术要求，直接影响其使用功能。施工机械设备是直接影响工程实体质量的因素之一。设备分为两类，一是组成工程实体及其配套的工艺设备和各类机具，如电梯、泵机、暖通设备等，它们构成了机械设备安装工程；二是施工过程中使用的各类机具设备，如大型运输设备、操作工具、施工安全设施、检测仪器等。机械设备质量的好坏，直接影响工程的质量。

对于通信工程中各种专业机械设备和仪器仪表，一方面要根据不同技术及方法进行选择，另一方面要根据规章制度严格控制，确保机械设备正确使用，并做好设备的维护及检修工作。因为质量不合格的机械设备、仪器仪表，不但会严重影响工程项目质量，还可能延误工程进展，为日后的使用埋下质量安全隐患。

4. 工艺方法因素

工艺方法因素包括整个项目周期内所采取的技术方案、工艺流程、组织措施、检测手段、施工组织设计等。方法方案正确与否，直接影响工程项目的进度控制、质量控制、投资控制，以及目标能否顺利实现。施工前要注意采取的施工技术措施是否切合实际，检查工艺方案中是否存在缺陷，施工方案是否成熟完善等。据统计，工期延误、质量隐患、成本增加，除了不可抗力外，绝大部分是由各类方法造成的。

当前，有些通信工程的项目经理对于通信工程全过程施工方案不够精通，缺乏深入的考察与分析，对于项目全过程可能出现的问题，没有做好充足的技术措施，这已成为影响通信工程项目质量的不可忽视的重要因素之一。因此，通信工程施工前期必须要确定好科学高效的施工方案、合理的组织设计、优良的施工技术，尽量缩减工期、加快进度、节省成本、增加效益，提高通信工程施工的质量。

5. 环境因素

工程的建设、使用是在"环境"之中，因此影响工程质量的环境因素较多。这些环境包括工程技术环境，如工程地域、气象等；工程作业环境，如施工环境作业面大小、防护设施、通风照明和通信条件等；工程管理环境，指工程实施的合同结构与管理关系的确定，组织体制及管理制度等；周边环境，如工程临近的地下管线、建筑物等。环境条件会对工程质量产生特定的影响，因此应加强环境管理，改进作业条件，把握好技术环境，采取必要的措施，控制好环境对工程质量的影响。恶劣的作业环境，将会造成各个环节运行困难。

大部分通信工程都具有施工范围大、施工时间长、线路跨地域等特点，对于不同的工程，影响工程质量的环境因素也会有所不同。不同的环境因素应采取不同的措施应对，这是容易被忽略的一个因素，需要引起格外的重视。在通信工程施工现场，要保障良好的施工质量，必须营造文明生产和文明施工的环境氛围，严禁违规施工的不良现象；要保持施工现场干净整洁，施工流程有条不紊，原材料及设备堆放有序，运输道路安全畅通等。

除了上述因素外，其他与通信工程建设相关联的因素也会对通信工程的质量造成影响，如站外的供电供水工程、道路建筑工程、联络电话线路工程及房屋建筑工程等都会对通信工程质量产生影响。

7.2 通信工程项目的质量管理与控制

通信工程项目建设阶段基于现代信息社会发展对通信的需求，做好项目质量的管控是十分关键的。在项目建设阶段，全面落实项目质量管理工作，对确保后期通信工程项目的顺利应用具有决定性作用。

7.2.1 通信工程项目建设各阶段质量管理与控制要点

通信工程项目和其他建设项目存在较大的差异，在实际的建设工作中，通信工程项目需要通过招标投标进行设立，并且具有施工工期长、投资资金大等特点。工程项目具有较高的流动性与单件性，同时，在通信工程中并非采取统一的检测手段，因此通信工程项目的质量具有一定程度的波动，部分通信工程的管道、建筑等施工内容具有隐蔽性，通过常规方法很难有效地控制、检测施工的质量。如果没有进行彻底有效的质量管理，就容易在施工过程中留有巨大的安全隐患，一旦出现安全事故则会带来巨大的损失，因此需要一套完整的质量检验及验收办法。

通信工程质量检验和验收主要分为材料和设备检验、隐蔽工程检验、单位工程检查验收、工程初步验收、试运行、工程竣工验收。随工或现场监理工程师应按照工程验收规范或行业标准进行日常质量检查，监理单位以日报或周报的形式，向建设部门报告项目建设质量情况。单位工程完成后，施工单位须进行质量自检，并填写质量自检记录，由随工或现场监理工程师复核后签字确认，质量自检表应归入竣工技术文件。隐蔽工程各工序施工后须经检验合格方可隐蔽，必要时需进行拍照存档；隐蔽工程检验记录需经建设部门、监理单位、施工单位代表签字确认后存档。

1. 设计阶段质量管理与控制

1）工程建设项目必须坚持先勘察、后设计、再施工的原则，设计单位必须到施工现场进行勘察，切实掌握第一手材料，编制勘察文件。注意，勘察文件要满足工程选址和设计的需要。

2）严格设计评审流程，对设计文件中建设方案、工程预算、施工图纸等内容进行审查讨论，以确保审查设计方案的完整性、可实施性及设计深度的达标程度，确认其对施工的指导性。设计经评审通过后方可组织施工。

3）设计单位必须遵循国家法律法规、行业标准规范及合同约定，对项目设计质量负责，并依法接受通信工程质量监督机构的监督。勘察设计深度应满足国家规定要求以及项目建设实际需要。

2. 实施阶段质量管理与控制

1）采购部门负责对工程物资进行驻厂检测及到货检测，对于检测中发现的质量问题，要严格按照合同进行违约处罚，保障工程物资质量。

2）建设部门负责组织施工现场工程物资验收，通过目测或借助简易的工器具检验工程物资是否完好无损、物理及电气性能指标是否达标，不合格产品严禁投入使用。

3）施工要严格按照工程建设强制性标准和相关规范、设计图纸、基本工序进行。

4）要严格按照国家相关规定实施监理。对于易发生质量和施工安全事故的通信管道、线路及铁塔工程，应加强监理。

5）建立维护部门随工制度，关键环节和隐蔽工程必须组织随工验收，实现质量把控前移。

6）工程管理人员应加强对施工过程中合作单位行为以及工程实体质量的监督检查，提高施工质量。

3. 验收阶段质量管理与控制

1）验收是工程建设环节质量管控的最后一道防线，要严格把控，确保不"带病入网"。

2）验收测试内容要严格依据设计和合同的要求进行。

3）未经验收测试或验收测试不通过的项目，不得组织割接上线。

4）为保障系统（或设备）运行稳定，工程完工或系统（或设备）割接上线成功后，维护部门要同步开展相关系统（或设备）的日常监控和维护工作。

7.2.2 通信工程项目各参与方质量管理与控制要点

通信工程项目质量管理是个复杂的系统工程，项目质量管理工作与很多方面有着紧密联系，参与其中的建设单位、监理单位、设计单位、施工单位都需要对该工作高度重视，落实质量管理与控制要点要求，才能有效提升工程质量。

1. 建设单位的管理与控制

建设单位主要是通过设计方案比选，工程招标，设备材料供应商的确定，勘察设计单位、施工单位、监理单位的选择，工程开工前的报建手续办理，竣工验收等环节，对建设项目进行全过程质量控制。

2. 勘察、设计单位的质量管理与控制

勘察、设计单位是以法律、法规及合同为依据，对勘察、设计的整个过程进行控制，包括勘察设计程序、设计进度、费用及成果文件所包含的功能和使用价值，以满足建设单位对勘察设计的质量要求。建设工程实体质量的安全性、可靠性很大程度上取决于设计质量。

1）建设单位与勘察、设计单位签订的合同中，应明确规定工程勘察、设计的质量目标和质量要求。应明确规定工程勘察、设计的质量必须满足相关规范要求，网络安全必须满足相关集团及省内标准规范。

2）勘察、设计单位根据现场勘察结果填写勘察纪要，勘察纪要需经建设单位（或所勘察现场的负责单位）、设计单位、设备供应商三方审核后并签字确认。勘察、设计深度应满足工程建设需要并符合建设单位的要求，因勘察、设计原因造成损失，责任单位应承担赔偿责任。

3）各类勘察、设计文件，包括勘察报告、各阶段设计文件、技术说明书、图纸和设计变更等，必须经过严格的校审和核签，各级核签人员应认真履行职责，并负核签责任。

4）建设单位应制定标准的设计会审程序，组织本单位的业务需求部门、维护部门、使用部门、财务部门以及设计单位、施工单位、监理单位相关人员进行施工图会审，会审中应对涉及设计质量和工程安全的重大问题提出明确的审查意见。设计会审不能免除设计单位的质量管理责任。设计文件未经会审批准的，不能组织工程实施。

5）建设单位应建立完善的设计变更管理制度，严格履行设计变更审批手续，明确造成设计变更的原因和责任。

6）建设单位应督促设计单位就审查合格的施工图设计文件向施工单位做出详细说明，设计单位应积极配合进行工程施工、工程验收、业务割接、技术整改等工作，并提供技术上的协助和指导。

7）设计中采用新材料、新工艺、新型结构时，必须以保证工程安全质量为前提，应事先做好技术论证和必要的试验工作，并充分考虑当前的施工水平对工程质量的影响。

3. 施工单位的质量管理与控制

施工单位是以工程合同、设计图纸和技术规范为依据，对施工准备阶段、施工阶段、竣工验收阶段等施工全过程的工作质量和工程质量进行控制的。最终的目的是达到合同文件规定的质量标准。

1）建设单位与施工单位签订的施工承包合同中，应明确规定工程施工的质量目标和质量要求。

2）施工单位派驻工程的项目经理及技术负责人，应具备与本工程相应的资质；特殊工种应持证上岗，其他施工人员应经过岗位培训并考试合格才可上岗。施工单位必须保存培训记录以便查阅。项目开工前，建设单位或监理单位需对进场的施工单位进行资质复查。

3）施工单位应根据项目概况、项目内容、项目组织情况、施工计划和进度等编制施工组织设计或施工方案，施工组织设计或施工方案须报建设单位，通过审批后方可实施。

4）施工单位需向建设单位和监理单位提交开工报告，就工程准备情况以及计划开完工日期进行说明，建设单位和监理单位审核同意签字后，工程项目正式开工。

5）施工质量必须满足相应的工程验收规范或行业标准，单位工程、隐蔽工程完成后，应进行阶段性验收。

6）施工单位对竣工验收不合格的建设工程，应当负责返工或返修；建设单位应当在返工或返修完成后对整改内容再次进行验收。

7）工程验收不合格的网元不得割接入网。

4. 监理单位的质量管理

监理单位主要是受建设单位的委托，代表建设单位对工程全过程进行质量监督和控制。根据监理阶段的不同，分为设计阶段监理、施工阶段监理。目前，我们国家监理工作主要处在施工阶段监理。

1) 建设单位与监理单位签订的合同中,应明确规定工程监理的质量目标和质量要求。

2) 监理单位在开工前应监督施工单位进行技术交底。施工单位可以通过示范站点的建设强化技术交底要求。

3) 施工期间,现场监理工程师按照工程验收规范或行业标准进行日常质量检查,监理单位以日报或周报的形式,向建设单位报告项目建设质量情况;检查过程中发现质量问题,应要求施工单位及时进行整改,遇到重大质量问题施工单位不能及时整改的,监理单位应要求施工单位立即停止施工,并报告建设单位。

4) 监理单位必须严格按经审批的监理规划、监理细则开展质量控制工作,严格按见证、旁站、巡视、平行检验等质量控制手段,对每道工序的工程质量进行有效的过程控制。

5. 设备（材料）的质量管理与控制

1) 工程建设所需的设备（材料）采购,应严格执行相关采购管理规定。

2) 在设备采购合同中,必须明确设备（材料）的质量要求和供应商应承担的质量责任,同时明确设备（材料）质量的检查、验收程序和标准;对于专业系统,还应明确工程测试、验收标准和要求。

3) 设备（材料）供应商应按合同规定做好交货、售后服务、安装指导、质量保修等工作。

4) 施工单位提供的标牌、膨胀螺丝、扎扣等辅材,必须符合工程设计要求、施工技术标准,具有厂家的质量检查合格证,不得使用假冒伪劣产品。

5) 建设单位组织设备或系统测试、验收,应遵照行业标准或公司制定的工程验收规范,以及合同约定。

6. 政府的质量监督

政府依据法规,通过报建审核、施工图文件审查、施工许可、材料和设备准用、工程质量监督、重大工程验收备案等主要环节,对工程建设实施监管。

1) 建设单位应当按照国家有关规定办理工程质量监督申报手续和竣工验收备案手续,并按相关要求履行各个阶段的质量责任。

2) 建设单位及通信建设各参建单位,包括勘察、设计、施工、工程监理等,必须遵守建设市场管理的有关规定,依法对通信工程质量负责,依照通信工程质量监督管理规定,接受质量监督。

7.3 通信工程质量事故的处理

通信工程质量事故是指在工程建设中,由于工程管理、监理、勘测、设计、施工、材料、设备等原因,造成工程质量不符合规程规范、工程设计和合同规定的质量标准,进而影响使用寿命,危害网络安全运行的事件。

通信工程质量问题和质量事故的概念

7.3.1 通信工程质量问题和质量事故的概念

通信工程质量问题与质量事故是两种不同的概念,要处理发生的通信工程质量问题或者事故首先要明确相关概念。

1. 工程质量问题相关概念

工程质量不合格是指工程产品质量没有满足某项规定的要求。凡是质量不合格的工程，必须进行返修、加固或报废处理。由此造成直接经济损失低于 5000 元的称为工程质量问题；直接经济损失在 5000 元（含 5000 元）以上的称为工程质量事故。由于影响通信工程质量的因素较多，在工程施工和使用过程中往往会出现各种各样不同程度的质量问题，甚至质量事故。

2. 工程质量事故

工程质量事故通常按照造成损失严重程度进行分类，见表 7-1。

表 7-1　质量事故分类

事故类别	具备条件	备注
一般质量事故	1. 直接经济损失在 20 万元以下 2. 小型项目由于发生工程质量问题,不能按期竣工投产	
严重质量事故	1. 由于工程质量低劣造成重伤 1~2 人 2. 直接经济损失在 20 万~50 万元 3. 大中型项目由于发生工程质量问题不能按期竣工投产	具备条件之一者即可认定
重大质量事故	1. 工程质量低劣引起人员死亡或重伤 3 人以上(含 3 人) 2. 直接经济损失 50 万元以上	

3. 通信工程质量事故的特点

1) 影响范围广。通信行业具有全程全网的特点，局部问题可能引起全系统性的质量事故。

2) 经济损失大。通信工程技术含量较高，一旦某种方案出现问题或在施工中出现阻断事故，其经济损失就会很大，社会影响也较严重。

3) 施工环境越来越复杂。中间环节越来越多，外界因素引发事故的机会越来越多。

4) 通信技术、产品更新快，施工技术难度大的工序或环节增多。设计、施工、监理方案不周密，易产生质量缺陷，形成事故隐患。

7.3.2　通信工程质量事故产生的原因

工程质量事故的产生有技术方面的原因、管理方面的原因、操作方面的原因、社会和经济上的原因。技术方面的原因是指项目在实施过程中，勘察、设计、施工时技术上的失误，如对现场环境情况了解不够，技术指标设计不合理，重要及特殊工序技术措施不到位等。管理方面的原因是指管理失误或不完善，如施工或监理检验制度不严密，质量控制不到位，设备、材料检验不严格等。社会和经济上的原因主要是指建设领域存在的不规范行为。可能出现的具体问题如下。

1. 建设单位

1) 规划不够全面，违反基本建设程序，在工程建设方面往往先施工、后设计或边施工、边设计、边投产，形成"三边工程"。

2) 将工程发给不具备相应资质等级的勘察、设计、施工、监理单位。

3) 向参与建设的单位提供的资料不够准确、完整。

4) 任意压缩工期。

5) 工程招标投标中以低于成本的价格中标。

6) 通信工程技术人员匮乏，直接影响工程的监管与制度实施的规范性。

7）不合格的工程按合格工程验收等。

2. 监理单位

1）没有建立完善的质量管理体系。
2）没有制定具体监理规划或监理实施细则。
3）不能针对具体项目制定适宜的质量控制措施。
4）监理工程师不熟悉相关规范、技术要求和工程验收标准。
5）监理工程师专业素质不够，更换频繁，有很大一部分都是临时的监理人员，业务不熟练，无法及时发现施工现场的问题，或在发现施工问题时未能及时上报及处理。
6）监理工程师缺乏责任感，监理工作过程中不能忠于职守。

3. 勘察、设计单位

1）未按照工程强制性标准及设计规范进行勘察设计。
2）勘察不详细或不准确甚至缺乏现场勘察。
3）准备工作不充分，对相关影响因素考虑不周。
4）技术指标设计不合理。
5）对于采用新技术、新材料、新工艺的工程未提出相应的技术措施和建议。
6）设计中未明确重要部位或重要环节及其要求。
7）工程设计与工程实际条件不符等。

4. 施工单位

1）部分项目存在工程分包问题，让一些施工技术不达标的施工队伍参与工程项目施工，从而影响质量。
2）施工前策划不到位，没有完善的质量保证措施。
3）承担施工任务的人员不具备相关知识，不能胜任工作。
4）未给作业人员提供适宜的作业指导文件。
5）检验制度不严密，质量控制不严格。
6）未按照工程设计要求对设备及材料进行检验。
7）相关人员缺乏质量意识、责任感并违规作业等。

5. 案例

（1）背景

某项目经理部于1月份在河北地区承接了60km的架空光缆线路工程，线路沿乡村公路架设。施工过程中，各道工序都由质量检查员进行了检查，建设单位的现场代表及监理单位也进行了检查，均确认符合要求并签字。由于春节临近，建设、监理、施工各方经协商，同意3月下旬开始初验。3月中旬，在初验前施工单位到施工现场做验收前准备工作，发现近25%的电杆有倾斜现象。

（2）问题

1）电杆倾斜是什么原因导致的？
2）哪些工程参与单位与此工程质量问题有关？为什么？
3）如何解决此工程中电杆倾斜问题？

（3）分析与答案

1）产生电杆倾斜的原因主要是电杆、拉线埋入杆洞、拉线坑后，夯实不够，加上当时是冻土，没有完全捣碎，就填入杆洞及拉线坑。到了3月，冻土已逐步开始融化，杆洞及拉线地锚坑松软，因此导致电杆倾斜。

2）对于此工程中电杆倾斜问题，首先与建设单位及监理单位都有关系。建设单位现场代表及监理单位的现场监理人员不了解冬期施工应注意的问题，未对现场立杆的工作情况进行认真的监督检查，未发现及制止施工单位将冻土回填到杆洞及拉线坑，从而导致电杆倾斜。其次施工单位对电杆倾斜问题也负有不可推卸的责任。项目经理部未注意冬期施工回填土问题，而且未对电杆及拉线坑回填问题进行"三检"，从而导致电杆倾斜问题的发生。

3）对于倾斜的电杆，由于土壤已经化冻，因此只需把中间电杆周围的土层挖开，重新扶正电杆，夯实其周围的回填土；终端杆如倾斜，则应临时松开吊线，待按上述方法将电杆扶正后重新制作吊线终端。

7.3.3 通信工程质量事故的分析处理

通信工程一旦发生了质量事故，就要积极地处理。针对项目实施阶段和项目验收投产阶段的质量事故，分析处理要求如下。

1. 工程项目实施阶段质量事故的分析处理要求

1）施工单位由于自己的管理疏漏及施工质量问题造成的质量事故，应自行承担相应的责任。

2）施工过程中发生质量事故时，应由施工单位计算事故损失情况，分析质量事故产生的原因，研究分析处理办法，尽快处理质量事故。必要时，应由建设单位或监理单位监督施工单位对质量事故进行处理。

3）对于工程中发现的质量事故，施工单位应在分析原因的基础上制定纠正和预防措施，防止质量事故再次发生。

2. 工程项目验收投产阶段质量事故的分析处理要求

1）在工程初步验收中发现的质量隐患，有条件的应由责任单位随时处理，不能随时处理时应作为遗留问题在限期内处理。初验时发现的质量隐患由责任单位采取纠正措施后，重新按照验收规范中的有关规定检查验收。

2）工程投入试运行后，发现质量事故时责任单位要及时进行处理，并应采取有效措施防止事故的再次发生。同时要查明原因，彻底消除事故隐患。

3）出现对通信网络安全运行造成危害的事故（例如造成通信系统技术指标严重下降，中断通信电路的情况）时，要积极采取措施组织抢修，尽快恢复通信网络的正常运行。建设单位必须在 24 小时内以最快的方式，将事故向上级主管部门及相应的通信工程质量监督机构报告，并要立即按照管理权限组织事故调查。应查明事故发生的原因、过程、财产损失情况和对后续工程的影响；组织专家进行技术鉴定；查明事故的责任单位和责任人应负的责任；提出工程处理和采取措施的建议；提交事故调查报告。

3. 案例

（1）背景

某通信工程公司于 8 月份通过投标承担了某运营商的市内通信管道的施工任务。该工程为敷设 12 孔波纹塑料管 3km，管道沿人行道敷设。波纹塑料管等主材由建设单位负责采购，其他材料由施工单位购置。本工程由一家监理单位负责监理。当塑料制品厂把波纹管送到工地时，监理人员提出要送检验机构进行强度性能的检验，建设单位现场代表认为送检的检验费用高，工程中没有计列这笔费用；同时，产品在波纹管厂进行过抽样技术鉴定，符合要求。监理、施工单位同意了建设单位现场代表的意见。该工程完工后在进行试通时,发现有少部分地段管孔不通。经开挖后检查,发现是由于波纹塑料管强度不够,回填土后产生变形,从而导致管孔不通。

(2) 问题

1) 该质量事故的主要责任应由谁承担?

2) 怎样处理此质量事故?

(3) 分析与答案

1) 该质量事故的主要责任应由施工单位承担,监理单位承担连带责任。施工单位没有坚持材料到现场后必须进行检验的原则,从而导致质量事故发生。

2) 施工单位应将这些不合格的波纹塑料管挖出,重新更换为经现场检验合格的波纹塑料管。同时,还应通过建设单位向塑料管厂索赔由此造成的工程材料、工期和人工费用的损失。

本例中,建设单位的建议不能代替材料的现场检验。工程材料到达现场后,如果施工、监理单位按照施工规范要求,坚持进行现场检验,发现问题,及时采取措施,就不会发生这样的质量事故。

7.4 通信工程项目质量管理中常用的数理统计方法

统计质量管理,是 20 世纪 30 年代发展起来的科学管理理论与方法,它把数理统计方法应用于产品生产过程的抽样检验,通过研究样本质量特性数据的分布规律,分析和推断生产过程质量的总体状况,实现了从传统的事后质量控制向事前预防与过程监控的转变,为工业生产的事前质量控制和过程质量控制提供了有效的科学手段。应用数理统计原理所创立的分层法、因果分析图法、排列图法、直方图法等定量和定性方法在通信工程项目的质量管理上有很强的应用价值,发挥着广泛的作用。

7.4.1 分层法的应用

由于项目质量的影响因素众多,对工程质量状况的调查和质量问题的分析,必须分门别类地进行,以便准确有效地找出问题及其原因所在,这就是分层法的基本思想。分层法也叫分类法、分组法,它是一种借助于简单和直观的分类,来比较同级间各要素差异所在的方法。分层法一般和排列图、直方图等方法结合使用,也可单独使用。它的应用包括抽样统计表、不良类别统计表、排行榜等。

1. 分层法的应用要点

应用分层法的关键是调查分析的类别和层次划分,根据管理需要和统计目的,通常可按照以下分层方法取得原始数据。

1) 按时间分,如月、日、上午、下午、白天、晚间、季节等。

2) 按区域分,如省、市、县及国外区域等。

3) 按产品分,如产地、厂商、规格、品种等。

4) 按检测方法分,如方法、仪器、测定人、取样方式等。

5) 按作业组织分,如班组、工长、工人、分包商等。

6) 按工程类型分,如传输、无线、电源、ICT、管道等。

7) 按合同结构分,如总承包、专业分包、劳务分包等。

经过第一次分层调查和分析，找出主要问题所在后，还可以针对这个问题再次分层进行调查分析，一直到分析结果满足管理需要为止。层次类别划分越明确、越细致，就越能够准确有效地找出问题及其原因之所在。

2. 案例

某通信公司有一个移动资管数据采集录入班组，有 A、B、C 三位工程师。部分数据采集录入系统后，主管对系统数据进行稽核，现场数据抽查 20 个站点数据，发现有 4 个站点不合格，占比 27.7%。究竟问题出在谁身上？因此采用分层法进行分析，通过分层分析可知主要是工程师 C 的数据采集录入质量影响了总体的质量水平，具体见表 7-2。

表 7-2 抽查数据分层

序号	作业人员	抽检站点数	不合格站点数	个人不合格率（%）	占不合格站点总数百分率（%）
1	A	6	1	16.70	20
2	B	6	1	16.70	20
3	C	6	3	50.00	60

7.4.2 排列图的应用

排列图也称帕累托图、柏拉图。排列图的使用以分层法为前提，它将分层法已确定的项目从大到小排列，再加上累计值，形成图形。适用于计数值统计，能够抓住关键的少数及有用的多数。

排列图由两个纵坐标和一个横坐标、若干个直方形和一条折线构成。左侧纵坐标表示不合格品出现的频数（出现次数或金额等），右侧纵坐标表示不合格品出现的累计频率（用百分比表示），横坐标表示影响质量的各种因素，按影响大小顺序排列，直方形高度表示相应的因素的影响程度（即出现频率为多少），折线表示累计频率（也称帕累托曲线）。

1. 排列图的制作步骤

1）明确制作排列图的目的。
2）确定数据的分类项目。
3）收集数据，根据问题的需要，设计调查表并收集一段时间内相关的数据。
4）把分类好的数据进行汇总，由多到少进行排序，并计算累计频率。
5）绘制横轴与纵轴刻度。
6）绘制柱状图。
7）绘制累计曲线。
8）记入必要事项，如标题、数据收集时间等。
9）分析排列图。通常，按累计百分比将影响因素分为三类：占 0%~80% 为 A 类因素，也就是主要因素；80%~90% 为 B 类因素，是次要因素；90%~100% 为 C 类因素，即一般因素。由于 A 类因素占 80%，此类因素解决了，质量问题大部分就得到了解决。

2. 案例

（1）背景

某市本地网络通信线路工程中，某施工队已完成设备和线路的安装工作，技术人员对用户线缆进行测试后发现很多问题，经分类统计后主要情况如下：线序有误 43 处，端头制作不良

16 处，插头插接不牢固 6 处，连接器件质量不良 5 处，线缆性能不良 2 处，设备接口性能不良 2 处，其他原因 1 处。

（2）问题

1）用排列图法对存在的质量问题进行分析。

2）指出存在的主要质量问题。

（3）分析与答案

1）将在测试过程中发现的不合格项原始资料进行加工整理，计算累计频数和频率，形成排列表，见表 7-3。

表 7-3 用户线路测试不合格项排列表

序号	不合格原因	频数	频率（%）	累计频率（%）
1	线序有误	43	57.33	57.33
2	端头制作不良	16	21.33	78.67
3	插头插接不牢固	6	8.00	86.67
4	连接器件质量不良	5	6.67	93.33
5	线缆性能不良	2	2.67	96.00
6	设备接口性能不良	2	2.67	98.67
7	其他	1	1.33	100.00
合计		75	100	—

2）根据表 7-3 数据画出排列图，如图 7-1 所示。

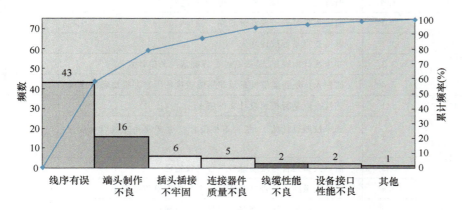

图 7-1 用户线路测试不合格项排列图

通过排列图法分析可以看出，在测试过程中发现的问题 A 类主要因素是线序有误及端头制作不良两项，这两项出现的不合格数占全部不合格数的 78.67%，因此这两类问题应作为质量改进的主要对象。

7.4.3 检查表的应用

检查表又称调查表、核对表、统计分析表，是一种对数据进行观察、记录、收集和整理而事先设计好的表格。它将简单的数据用容易理解的方式制成表格，必要时做上检查记号，并可以对这些数据进行整理统计,作为进一步分析的数据来源。检查表是质量管理工具中最简单也是使用得最多的方法。经常见到的是会议签到表、月度考勤表、顾客满意度调查表、评审表、5S 检查表、消防检查表、安全检查表、作业前点检表、缺陷收集卡等。

1. 检查表的制作步骤

1)明确检查目的、检查对象。

2)明确检查项目,制定检查表。检查表的设计及记录方法要简单,要结合分层法,设计不同层次的项目。

3)依检查表项目进行检查并记录。检查收集完的数据应及时处理,对于异常数据要及时处理。

4)对检查出的问题,要求责任单位及时改善。

2. 案例

某通信工程监理单位检查表见表 7-4。

表 7-4 某通信工程监理单位检查表

项目名称: 抽检站点/段落:

检查项目	序号	检查内容	合格	不合格
1. 准备工作	1.1	该检查点是否有现场监理人员对口负责		
	1.2	现场监理人员是否参加设计交底		
	1.3	现场监理人员图纸资料、工器具是否齐备		
	1.4	监理人员是否持证上岗		
	1.5	监理人员是否对施工材料进行检查		
	1.6	监理人员是否检查施工单位、人员的资质		
2. 进度控制	2.1	监理人员是否下发任务通知		
	2.2	该检查点是否按计划完工		
	2.3	如未按计划完工,是否有经三方确认的调整计划		
	2.4	监理人员是否能够准确反映影响进度的因素并提出解决建议		
3. 质量控制	3.1	该检查点是否按照设计文件施工		
	3.2	如未按照设计施工,是否审核设计变更文件并完成设计变更流程		
	3.3	监理人员是否有现场隐蔽工程验收签证		
	3.4	现场质量问题是否立即整改或下发监理整改通知单		
	3.5	施工单位是否按时整改或回复监理通知单		
4. 投资控制	4.1	监理人员是否准确计量工作量		
	4.2	监理签证是否符合现场实际情况		
	4.3	监理人员是否审核余料交接清单		
5. 安全监督	5.1	材料、设备有无损伤、损坏导致不能使用		
	5.2	监理人员有无检查施工单位安全措施制度		
	5.3	监理人员有无检查施工单位安全生产费的使用情况		
	5.4	监理人员是否现场检查特殊作业证		
	5.5	现场有无发生安全事故		

检查项目	序号	检查内容	合格	不合格
6. 信息管理	6.1	是否按照建设单位要求及时提供相关信息（如周报、月报等），无延误		
	6.2	监理日志是否完整记录工程建设情况		
	6.3	工程初验是否前提供监理资料		
7. 协调	7.1	是否主动协调与各相关单位关系，保证工程进度和质量要求		

检查人员： 日期：

7.4.4 因果图的应用

因果图又称为鱼骨图，它把影响质量的诸因素之间的关系以树状图的方式表示出来，使人一目了然，便于分析原因并采取相应的措施。它是一种在问题发生后，寻找根本原因的方法。它称为鱼骨图是因为绘制后的图形和鱼骨很相似，是一种象形的称呼方式。

1. 因果图分类

（1）追求原因型

追求问题的原因，并寻找其影响，以因果图表示结果（特性）与原因（要因）间的关系（见图7-2），后文以此类型因果图的绘制为例展开。

图 7-2　追求原因型因果图

（2）追求对策型

追求问题点如何防止、目标如何达成，并以因果图表示期望效果与对策的关系（见图7-3）。

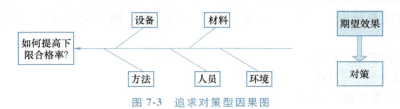

图 7-3　追求对策型因果图

（3）整理问题型

此类型可以简单地理解为一个知识（事项）的归纳总结，各要素与特性值间不存在因果关系，而是结构构成关系。各个线之间条理分明，只是对问题进行了一个整理，不对问题间的原因进行深度剖析。

2. 分析问题原因/结构

1）针对问题点，选择分层方法。确定大要因（大骨）时，现场作业一般从"人、机、料、法、环"层别着手，管理类问题一般从"人、事、时、地、物"层别着手，应视具体情况决定。大要因必须用中性词描述（不说明好坏），中、小要因必须使用价值判断（如……不良）。

2）分别对各层类别找出所有可能原因（因素）。而不仅限于自己能完全掌控或正在执行的内容。

3）将找出的各要素进行归类、整理，明确其从属关系。中要因与特性值、小要因与中要因间有直接的原因-问题关系，小要因应分析至可以直接下对策；如果某种原因可同时归属于两种或两种以上因素，则以关联性最强者为准。

4）分析选取重要因素。要广泛而充分地汇集各方面的意见，共同分析、确定主要原因。

5）检查各要素的描述方法，确保语法简明、意思明确。

3. 鱼骨图绘图步骤

1）填写鱼头，画出主骨。

2）画出大骨，填写大要因，这些与主骨成45°或60°角的直线称为大骨。

3）对引起问题的原因进一步细化，画出中骨、小骨等，尽可能列出所有原因。

4）对鱼骨图进行优化整理。

5）用特殊符号标识重要因素。影响大的因素，需单独列出对策，有针对性地解决。

绘制要点：绘图时，应保证大骨与主骨成60°（45°）夹角，中骨与主骨平行（见图7-4）。

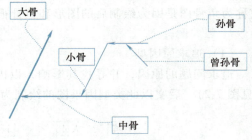

图7-4　因果图样例

4. 应用要点及注意事项

1）确定原因要集合全员的知识与经验，集思广益，以免疏漏。

2）原因解析越细越好，越细则更能找出关键原因或解决问题的方法。

3）有多少品质特性，就要绘制多少张因果图。一张因果图主干线箭头指向的结果（要解决的问题）只能是一个，即分析的问题只能是一个。

4）如果分析出来的原因不能采取措施，说明问题还没有得到解决，要想改进有效果，原因必须要细分，直到能采取措施为止。

5）把重点放在解决问题上，并依5W2H的方法逐项列出，绘制因果图时，重点先放在"为什么会发生这种原因、结果"。若分析后要提出对策，则将重点放在"如何才能解决"。5W2H是指：

Why——为何要做？（对象）

What——做什么？（目的）

Where——在哪里做？（场所）

When——什么时候做？（顺序）

Who——谁来做？（人）

How——用什么方法做？（手段）

How much——花费多少？（费用）

6）绘制因果图后，要先形成共识再决定要因，并用红笔或特殊记号标出。

5. 案例

（1）背景

某通信公司承担某地市PTN通信传输设备安装工程。工程进展过半后，质检员在进行阶段性检查时发现大部分接口本机测试结果不合格。

(2)问题

用因果图分析测试结果不合格的原因。

(3)分析与答案

因果分析图进行分析,发现造成测试不合格的原因,如图 7-5 所示。

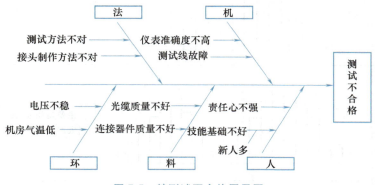

图 7-5 某测试不合格因果图

6. 实训

1)成立因果图分析小组,3~6 人为好。
2)确定问题点。
3)画出干线主骨、中骨、小骨,确定重大原因。
4)与会人员进行讨论,依据重大原因进行分析,找到中原因或小原因,并绘至因果图中。
5)因果图小组要形成共识,把最可能是问题根源的项目用红笔或特殊记号标识。
6)记入必要事项。

7.4.5 直方图的应用

直方图,又叫频数分布直方图或质量分布图,是将收集到的质量数据进行分组整理,绘制成图,用以描述质量分布状态的一种分析方法,是统计方法中比较重要的工具。直方图一般用横轴表示数据类型,纵轴表示数据分布情况,长方形的宽度表示数据范围的间隔,长方形的高度表示在给定间隔内的数据分布。

直方图的应用

1. 直方图形态及问题判定

通过直方图,可以比较直观地看到数据的分布形状、离散程度和位置状况。常见的直方图形态及问题判定见表 7-5。

表 7-5 常见直方图形态及问题判定

序号	形态	直方图形式	问题判定
1	正常型		正态分布,服从统计规律,过程正常

（续）

序号	形态	直方图形式	问题判定
2	锯齿型	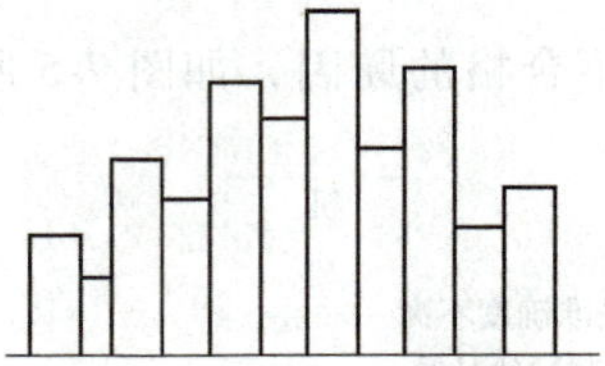	一般是组距确定不当或数据有问题
3	偏态型	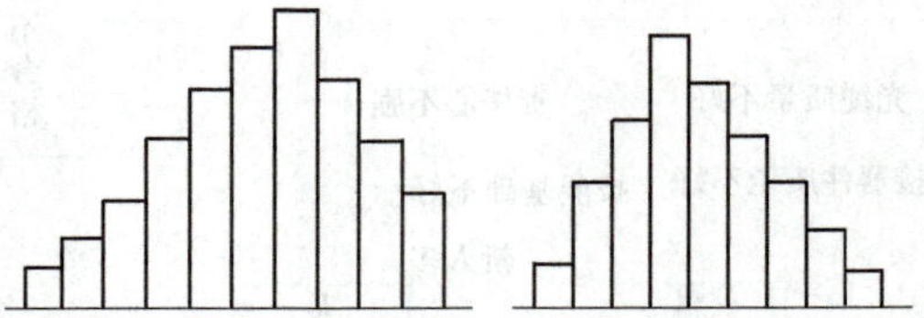	主要是质量控制中对下限或上限控制太严
4	孤岛型	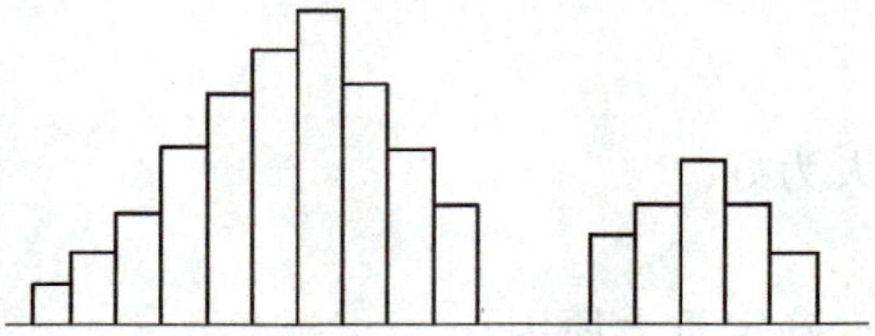	主要是因为材质发生变化或材料有问题，一般由操作不当造成
5	双峰型	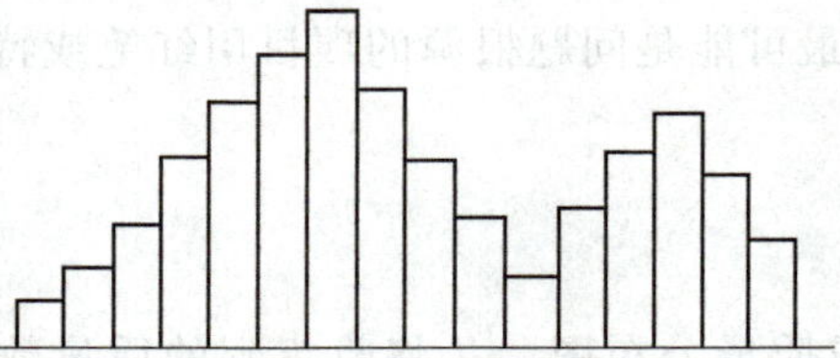	主要是因为把用两种不同工艺、设备或两组工人的数据混杂在一起
6	平顶型		主要是因为生产过程中有缓慢变化的因素起主导作用，如设备的均匀磨损
7	陡壁型	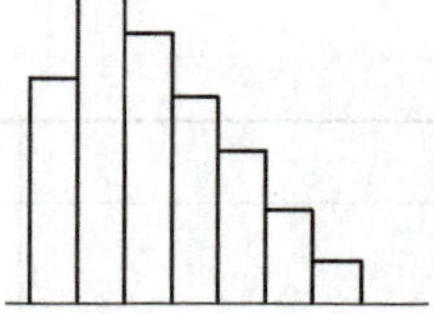	也称偏向型，主要是因为控制太严，人为去掉太多不合格因素

2. 利用直方图的质量控制流程

1）根据抽样数据，画出直方图。

2）若图形符合正常正态分布，并满足质量标准要求，则说明质量在控制范围内。

3）若图形出现异常现象，说明工序质量或生产过程存在质量问题。
4）进一步用排列图、因果图等寻找存在质量问题的原因。
5）分析质量原因，采取措施，保证质量控制在有效范围内。

7.4.6 散布图的应用

1. 散布图的定义

当两组特性值或数据中的一组发生变化时，会对另一组有所影响，这两组特性值称之为相关，用图形表现其关系的图形就是散布图，也称为相关图。特性值，可以是工件的尺寸与温度，产品的广告费与销售收入，也可以是成本与收益等。根据散布图的分布情况，就可以判断两组特征值或数据的相关关系。

散布图中通常存在正相关、负相关、不相关关系（见图 7-6）。

正相关：当变量 X 增大时，另一个变量 Y 也增大。

负相关：当变量 X 增大时，另一个变量 Y 却减小。

不相关：变量 X（或 Y）变化时，另一个变量并不改变。

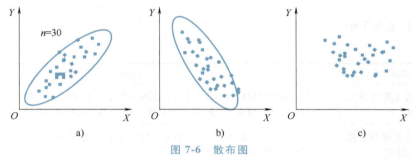

图 7-6 散布图
a）正相关 b）负相关 c）不相关

2. 实施步骤

1）确定要调查的两个变量，至少 30 组以上的最新数据。
2）找出两个变量的最大值与最小值，作为 X 轴和 Y 轴的范围。
3）在坐标系中标出各点，绘制之后要确认数据中是否有异常值，存在异常值时要分析出现异常的原因，不可直接删除。
4）记录图名、制作者、制作时间等项目。
5）判读散布图的相关性与相关程度。

7.4.7 控制图的应用

控制图法是一种以预防为主的质量控制工具，它利用现场收集到的质量特征值，绘制成图，通过观察控制图上数据的分布状况，分析和判断生产过程中的异常，一旦发现异常就要及时采取必要的措施加以消除，使生产过程恢复稳定状态。此外，控制图能使生产过程达到统计控制的状态，是质量管理的重要方法之一。

控制图是对生产过程质量的一种记录图形，图上有中心线（记为 CL）、上控制限（记为 UCL）和下控制限（记为 LCL），并有反映按时间顺序抽取的各样本统计量的数值点。中心线是控制的统计量的平均值，上、下控制限与中心线相距数倍标准差。基本形式如图 7-7 所示。

通常当绘制的控制图点的分布同时满足以下两个条件时，可以认为生产过程基本上处于稳定状态：一是点全部落在控制界限之内；二是控制界限内的点应随机排列没有缺陷。相应的，当样本点超出控制界限，或者样本点在控制界限内但排列异常时（如点过于集中或者点连续上升或者连续下降时），一般认为存在异常情况，此时就应寻找原因，采取相应措施。

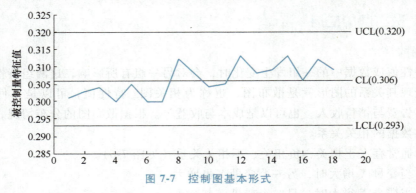

图 7-7　控制图基本形式

本章小结

本章知识点见表 7-6。

表 7-6　本章知识点

序号	知识点	内容
1	通信工程项目质量控制	通信工程质量控制就是致力于满足工程的质量要求，即通过采取一系列的措施、方法和手段来保证工程质量达到工程合同、设计文件、规程规范的标准
2	通信工程项目质量控制因素	影响施工项目质量的因素主要有人、材料、机械、方法、环境等，事前对这些因素严加控制，是保证工程质量的关键
3	工程质量问题与工程质量事故	工程质量不合格是指工程产品质量没有满足某项规定的要求。凡是工程质量不合格，必须进行返修、加固或报废处理。由此造成直接经济损失低于 5000 元的称为工程质量问题，直接经济损失在 5000 元以上（含 5000 元）的称为工程质量事故
4	质量管理中常用的数理统计方法	分层法、排列法、检查表、因果图、直方图、散布图、控制图

习题

1. 简述通信工程项目质量控制的概念及原则。
2. 简述通信工程项目质量的影响因素。
3. 请介绍质量控制中对施工单位的管理与控制。
4. 请介绍质量控制中对监理单位的管理与控制。
5. 简述工程质量事故的分类。

第 8 章　通信工程项目安全管理

随着信息技术的深入发展，通信工程的建设逐渐深入人们的生产生活中。但一些企业在实际建设时过于追求建设成本和经济效益，因此忽略了通信工程项目管理的安全管理要求，通信工程施工现场出现了电路阻断和人员伤亡的安全事故，对通信工程的建设与发展造成了极大的影响。在进行通信工程建设的过程中，安全管理工作是非常重要的管理内容之一。

学习要点
- 安全生产。
- 安全管理。
- 安全控制方法。

素养目标
- 掌握安全生产的概念、明确各方责任，强化安全意识。
- 精通安全管理，保障生产安全无忧。

8.1　安全生产

安全生产是指为预防生产过程中发生事故而采取的各种措施和活动，是为了使生产过程在符合物质条件和工作秩序的情况下进行，防止发生人身伤亡和财产损失等生产事故，消除和控制危险、有害因素，保障人身安全与健康、设备设施免受损坏、环境免遭破坏的总称。

安全生产

在通信工程中，安全生产主要包括以下内容：

1) 设备安全。通信设备的正常运行是保障通信网络安全的基础。设备安全包括设备的选型、安装、调试、维护和保养等环节，需要对设备进行全面管控。

2) 网络安全。随着互联网的普及，网络安全问题日益突出。通信工程中的网络安全问题涉及用户数据的保密性、完整性、可用性等方面，需要采取有效的技术和管理措施加以保障。

3) 人员安全。通信工程项目往往涉及大量的技术人员和操作工人，因此人员安全也至关重要。需要在项目中加强人员培训，提高员工的安全意识和操作技能。

此外，通信工程安全生产还包括防火、防爆、防人身伤亡、防交通事故、防触电、防冻伤、防磨损、防滑、防高空坠落、防机械设备事故等"十防"内容，以及安全工作的"四个服从"：安全与生产发生矛盾时要服从安全；安全与设备状态发生矛盾时要服从安全；安全与施工进度发生矛盾时要服从安全；安全与其他任务发生矛盾时要服从安全。

8.2 安全管理

　　安全管理是通信工程管理的重要组成部分，指针对通信工程建设中的安全问题，运用有效的资源，进行有关决策、计划、组织和控制活动，实现生产过程中人与机器设备、物料、环境的和谐，达到安全生产的目的。通信工程中安全生产管理的目标主要是减少和控制危害，减少和控制事故，尽量避免生产过程中由于事故造成的人身伤害、财产损失、环境污染以及其他损失。同时，通信工程的安全生产管理还要保障员工安全和财产安全，提高企业效益和社会形象。

　　通信工程中安全生产管理的内容包括以下方面：

　　1）制定安全生产方案。建立有效的安全生产方案，掌握现场安全管理的关键环节和风险点，明确安全管理职责和要求，制定相应的安全管理措施，确保通信工程建设和运营过程中的安全。

　　2）加强安全教育。通过普及安全知识和技术来提高员工的安全意识和能力，加强员工的安全培训，建立员工安全意识和工作技能的考核制度，规范员工在工作中的安全行为。

　　3）进行危险源分析及评估。识别通信工程建设过程中可能存在的危险源，采取相应的安全措施，减少事故发生的风险。对安全危险源进行全面评估，定期对通信工程中各个环节开展安全评估。

　　4）优化安全管理制度。通过对通信工程建设和运营过程中的安全管理制度进行持续不断的调整和优化，提高管理的科学性和实效性，切实落实各项安全管理制度及规范，保证安全生产工作的可持续推进。

　　5）加强应急预案建设。针对各种应急情况和事件制定应对预案，切实保证通信工程运营安全和员工的人身安全。

　　在实际工作中，需要将安全生产管理贯穿于整个通信工程的建设和运营过程中，并落实到每一个环节和细节上，从而实现安全生产的目标。

8.2.1　通信工程各参与方安全生产责任

1. 建设单位的安全生产责任

　　1）贯彻落实国家和公司有关通信工程建设安全生产管理的法律法规和规章制度，严格落实强制性规定，监督设计单位、施工单位、监理单位对安全生产责任制的落实情况，组织本部门安全生产工作的正常开展。

　　2）建立健全通信工程安全生产管理制度，制定生产安全事故应急救援预案并定期组织演练。

　　3）审核设计单位工程概预算中是否明确建设工程安全生产费（不得打折）。

　　4）负责对勘察设计、施工和监理单位的相关人员进行安全管理，包括审查资格、明确职责、监督安全生产费使用、监督强制性标准执行和安全生产规范落实等工作。

　　5）组织或配合公司通信工程安全检查，对发现的安全隐患及时整改。

　　6）组织、指导通信工程项目管理人员的安全生产培训和考核工作。

　　7）按要求及时、如实报告生产安全事故，协助相关部门对工程建设安全生产事故进行调查和处理。

　　8）及时组织协调各方人员收集资料，并及时向参建单位提供与建设工程有关的真实、准确、齐全的原始资料。

9）认真、严格、及时对重要技术方案和施工组织方案的安全措施进行审查，必要时组织对施工活动可能影响的周边建筑物和构筑物进行鉴定。

10）按规定及时办理施工许可手续，在与设计、施工、监理单位的合同文件中，明确各方安全职责和义务，组织参与项目的设计、施工、监理单位施工安全相关人员签订施工安全生产承诺书。

2. 设计单位的安全生产责任

1）勘察单位应当按照法律、法规和工程建设强制性标准进行勘察，提供的勘察文件应当真实、准确，满足通信建设工程安全生产的需要。在勘察作业时，应当严格执行操作规程，采取措施保证各类管线、设施和周边建筑物、构筑物的安全。对有可能引发通信工程安全隐患的灾害提出防治措施。

2）设计单位应当按照法律、法规和工程建设强制性标准进行设计，且安全生产措施要合理有效，防止因设计不合理而发生的生产安全事故。

设计单位应当考虑施工安全操作和防护的需要，对涉及施工安全的重点部位和环节在设计文件中注明，对防范生产安全事故提出指导意见，并在设计交底环节就安全风险防范措施向施工单位进行详细说明。

采用新结构、新材料、新工艺的建设工程和特殊结构的建设工程，设计单位应当在设计中提出保障施工作业人员安全和预防生产安全事故的措施建议。

3）勘察设计单位编制工程概预算时，必须按照相关规定全额列出安全生产费用。

4）制定安全管理制度和培训制度，勘察设计人员需取得相应资质方可进行勘察设计。

5）设计文件应说明具体的施工安全注意事项，注明施工环境、安全技术要求、安全情况等，特别应标注清楚交通要道、临建建筑、山体、河流、易燃易爆物等存在较大安全隐患的地段。

3. 施工单位的安全生产责任

1）贯彻执行有关安全生产的法律法规和方针政策。设置安全生产管理机构，配备专职安全生产管理人员；建立健全安全生产责任制，制定安全生产规章制度和各通信专业操作规程；建立生产安全事故应急救援预案并定期组织演练；组织协调、处理安全生产工作中的重要问题，定期向建设单位安全组织机构报告安全生产工作情况；认真学习并自觉执行安全施工的有关规定、规程和措施，确保不违章作业。

2）建立健全安全生产教育培训制度。单位主要负责人、项目负责人和专职安全生产管理人员必须具备与本单位所从事的生产经营活动相应的安全生产知识和管理能力，并应当由通信主管部门对其安全生产知识和管理能力进行考核，合格后颁发相应级别的安全生产考试合格证书。

对本单位所有管理人员和作业人员，每年至少进行一次安全生产教育培训，保证相关人员具备必要的安全生产知识，熟悉有关的安全生产规章制度和操作规程，掌握本岗位的安全操作技能，了解事故应急处理措施，知悉自身在安全生产方面的权利和义务。未经安全生产教育培训合格的人员不得上岗作业。同时，建立教育和培训情况档案，如实记录安全生产教育培训的时间、内容、参加人员以及考核结果等情况。

使用被派遣劳动者的，应当将被派遣劳动者纳入本单位从业人员统一管理，应对被派遣劳动者进行岗位安全操作规程和安全操作技能的教育和培训。

3）施工单位主要负责人依法对本单位的安全生产工作全面负责。施工单位制定安全生产规章制度和操作规程，保证本单位安全生产条件所需资金的投入，对所承担的建设工程进行定期和专项安全检查，并做好安全检查记录。

4）施工单位的项目负责人对建设工程项目的安全施工负责。落实安全生产责任制度、安全生产规章制度和操作规程，确保安全生产费用的有效使用，并根据工程的特点组织制定安全施工措施，消除安全事故隐患，及时、如实报告生产安全事故。

5）严格按照工程建设强制性标准和安全生产操作规范进行施工作业。按照国家规定配备安全生产管理人员，施工现场应由安全生产考核合格的人员对安全生产进行监督。工程施工前，项目负责人应组织施工安全技术交底，对施工安全重点部位和环节以及安全施工技术要求和措施向施工作业班组、作业人员进行详细说明，并形成交底记录，由双方签字确认。

6）作业人员进入新的岗位或者新的施工现场前，应当接受安全生产教育培训，未经教育培训或者教育培训考核不合格的人员，不得上岗作业。采用新技术、新工艺、新设备、新材料时，应当对作业人员进行相应的安全生产教育培训。登高架设作业人员、电工作业人员等特种作业人员，必须按照国家有关规定经过专门的安全作业培训，并取得特种作业操作资格证书，持证后方可上岗作业。

7）建立健全内部安全生产费用管理制度，明确安全费用提取和使用的程序、职责及权限，保证本单位安全生产条件所需资金的投入。

8）应当向作业人员提供安全防护用具和安全防护服装，并定期对安全防护用具进行检查，确保用具可正常使用，不得使用劣质护具，同时需书面告知危险岗位的操作规程和违章操作的危害。

9）建立健全生产安全事故隐患排查治理制度，采取技术、管理措施，及时发现并消除事故隐患。应当如实记录事故隐患排查治理情况，并向从业人员通报。

10）依法参加工伤社会保险，为从业人员缴纳工伤社会保险费，并为施工现场从事危险作业的人员办理意外伤害保险。

11）发生人身事故时应立即抢救伤者，保护事故现场并按照国家要求及建设单位的相关规定执行；调查事故时必须如实反映情况；分析事故时应积极提出改进意见和防范措施。

4. 监理单位的安全生产责任

1）监理单位和监理人员应当按照法律、法规、规章制度、工程建设强制性标准及监理规范实施监理，并对建设工程安全生产承担监理责任。

2）监理单位应完善安全生产管理制度，建立监理人员安全生产教育培训制度。单位主要负责人、总监理工程师和安全监理人员须具备与本单位所从事的生产经营活动相应的安全生产知识和管理能力，应当由通信主管部门对其安全生产知识和管理能力进行考核，合格后颁发相应级别的安全生产考试合格证书。

3）监理单位应当按照工程建设强制性标准及相关监理规范的要求编制含有安全监理内容的监理规划和监理实施细则，项目监理机构应配置安全监理人员。

4）监理单位应当审查施工组织设计中的安全技术措施和危险性较大的分部分项工程安全专项施工方案，审查其是否符合工程建设强制性标准和安全生产操作规范，并对施工现场安全生产情况进行巡视检查。

5）监理单位在实施监理过程中，发现存在安全事故隐患的，应当要求施工单位整改，对情况严重的，应当要求施工单位暂时停止施工，并及时向建设单位报告。施工单位拒不整改或者不停止施工的，工程监理单位应当及时向有关主管部门报告。

在特种作业施工现场监理过程中，监理单位应检查施工人员特种作业证，对于未取得特种作业证或证件已过期的施工人员，应禁止其进行特种作业施工。

8.2.2 通信工程安全生产费用管理

通信工程安全生产费是指施工单位按照国家有关规定，购置施工安全防护用具、落实安全措施、改善安全生产条件、加强安全生产管理等所需的费用。

1）通信工程建设项目进行招标时，招标文件应当单列安全生产费清单，并明确安全生产费不得作为竞争性报价。施工单位提取的安全生产费用列入工程造价，在竞标时不得删减，应列入标外管理。工程总承包单位应当将安全生产费用按比例直接支付分包单位并监督使用，分包单位不再重复提取。

2）工程概预算应当明确建设工程安全生产费，根据《企业安全生产费用提取和使用管理办法》（财资〔2022〕136号）文件，通信工程和房屋建筑工程的安全生产费分别以建筑安装工程造价的2%进行计列，不得打折。各分公司在签订工程合同时应明确安全生产费支付方式、数额及时限。对安全防护、安全施工有特殊要求需增加安全生产费用的，应结合工程实际单独列出增加项目及费用清单。

3）施工单位应建立通信工程安全生产费用提取和使用管理制度，按规定提取安全费用，专项用于通信工程的安全生产，足额、及时拨付安全防护文明施工措施费。

4）建设单位在通信工程开工前应监督安全生产费用的使用情况，由施工单位建立使用台账、记录使用明细。

8.3 通信工程项目安全控制方法

通信工程项目安全控制方法可以从以下几个方面进行探讨：

1）完善项目管理制度。建立完善的项目管理制度是保证项目安全控制的基础。在项目初期阶段，应当明确项目的目标、任务、实施方案和计划等，并对项目进度、质量、成本等各方面进行全面管理和监控。

2）加强项目风险管理。项目风险管理是项目安全控制的关键环节。在项目实施过程中，应当对可能出现的各种风险进行预测、评估、控制和应对。通过加强风险识别、评估和控制，及时采取措施化解或减轻风险，确保项目的安全性。

3）强化项目质量管理。项目质量是保证项目安全性的重要因素。在项目实施过程中，应当建立完善的质量管理体系，对项目的各个阶段进行全面的质量管理和监控。同时还要注重对设备的维护和保养，确保设备的性能和质量符合要求。

4）加强项目进度管理。项目进度是保证项目安全控制的重要因素之一。在项目实施过程中，应当建立完善的管理机制和技术手段，对项目进度进行全面管理和监控。同时还要注重对设备的维护和保养，确保设备的性能和质量符合要求。

5）提高员工素质。员工素质是保证项目安全控制的重要因素之一。应当加强对员工的培训和教育，提高员工的安全意识和操作技能水平。同时还要注重对员工的激励和约束机制建设，激发其积极性和创造性。

6）加强沟通和协调。沟通和协调是保证项目安全控制的重要环节之一。应当建立良好的沟通和协调机制，及时发现和解决问题。同时还要注重对信息的收集、整理和分析，及时反馈项目的进展情况以及存在的问题。

7) 建立应急预案和处理机制。建立完善的应急预案和处理机制是保证项目安全控制的重要环节之一。应当明确应对突发事件的流程和责任人，并加强对应急预案的演练和实施效果的评估工作。同时还要注重对应急物资的储备和管理，确保应急预案的有效实施。

8) 加强现场管理和监督。现场管理和监督是保证项目安全控制的重要环节之一。应当建立完善的现场管理和监督机制，对现场作业过程进行全面管理和监控。同时还要注重对现场设备和人员的安全管理，确保现场作业的安全性和稳定性。

9) 注重成本管理和控制。成本管理和控制是保证项目安全控制的重要因素之一。应当建立完善的成本管理和控制机制，对项目的各个阶段进行全面的成本管理和控制。同时还要注重对成本效益的评估和分析工作，及时调整和控制成本支出。

10) 加强合同管理。合同管理是保证项目安全控制的重要环节之一。应当建立完善的合同管理机制，明确各方的权利和义务关系和安全责任。

8.4 安全生产的典型案例

2018年5月16日，某施工单位班组长唐某与本班组4名施工人员共5人，因下雨暂停某大道光缆布放施工。下午天气放晴，14时左右组长唐某没有请示就擅自更改施工计划，就近到某商城门前管井敷设光缆。17时左右，唐某在通风不充分且未进行有毒有害气体检测的情况下，未采取任何防护措施进入人井内作业。17：40井上作业人员石某发现唐某倒在水中，未佩戴防护装备就和翟某先后下井施救，在施救过程中石某、翟某也在井内昏迷，井上作业人员尚某与范某随即呼救，周边群众拨打110、120。消防人员18：20将三人从井下救出，唐某、翟某、石某被送至医院抢救，终因严重中毒和窒息，经抢救无效死亡。直接经济损失279.3万元。

（1）事故的直接原因

1) 有毒气体超标。以硫化氢为主要成分的有毒有害气体超标，导致作业人员及施救人员中毒窒息。

2) 作业人员违章作业。作业人员进行有限空间作业时，未落实"先通风、再检测、后作业"的操作规定，未正确使用有限空间作业安全防护装备。

3) 施救人员现场应急救援处置不当。施救人员缺乏基本的应急救援常识和自救互救能力，缺失个体防护器材和应急装备，在没有查明致害因素，也没有采取可靠防护措施的情况下盲目下井施救，造成伤亡扩大。

（2）事故的间接原因

1) 施工单位未认真落实安全生产主体责任。

- 安全生产教育培训工作不到位，技术交底不全面，施工人员安全意识淡薄，不具备安全作业和应急救援基本素质。
- 施工现场管理不严格，有限空间作业未落实作业审批制度及通风检测操作规定。
- 个体防护装备配备不齐全，未配备防中毒窒息装备。
- 应急救援预案和现场处置措施缺乏针对性，未开展有限空间作业应急救援演练。

2) 建设单位工程施工管理不到位。未有效督促施工单位严格落实相关规章制度，未及时检查发现施工现场存在的安全隐患和违规施工问题。

3) 监理单位未完全尽到监理职责。对有限空间作业中存在的防护装备配备不到位，操人员安全意识差、不按安全生产操作规程进行施工作业、不佩戴防护装备等安全隐患，未能及时发现并督促整改。

（3）事故的处理
- 建设单位：向当地政府做深刻书面检查；建设单位总经理、副总经理分别受到党内警告处分和党内严重警告处分。
- 施工单位：罚款人民币 60 万元的行政处罚；分别对总经理处以罚款 9.9 万元；分管副总经理处以行政警告处分；项目部经理予以行政记过处分。
- 监理单位：向当地建设行政主管部门做出检查。

本章小结

本章知识点见表 8-1。

表 8-1 本章知识点

序号	知识点	内容
1	安全生产	安全生产是指为预防生产过程中发生事故而采取的各种措施和活动，是为了使生产过程在符合物质条件和工作秩序下进行，防止发生人身伤亡和财产损失等生产事故，消除和控制危险、有害因素，保障人身安全与健康、设备设施免受损坏、环境免遭破坏的总称
2	安全管理	安全管理是通信工程管理的重要组成部分，是针对人们在通信工程建设中的安全问题，运用有效的资源，发挥人们的智慧，通过人们的努力，进行有关决策、计划、组织和控制活动，实现生产过程中人与机器设备、物料、环境的和谐，达到安全生产的目的
3	通信工程安全生产费	通信工程安全生产费是指施工单位按照国家有关规定，购置施工安全防护用具、落实安全措施、改善安全生产条件、加强安全生产管理等所需的费用

习题

1. 什么是安全生产？
2. 安全生产管理包含哪些方面？
3. 通信工程项目安全控制方法有哪些？

第 9 章　通信工程项目信息管理

自改革开放以来，我国工程建设历经多年的实践和探索，已逐步建立了一套既与国际接轨又符合我国国情的工程项目管理体系。然而，在利用信息化技术对工程项目管理体系进行主动和有效管理方面，水平仍然较低。这导致在保障项目建设规范推进、项目过程中资料的收集与分析等方面存在不足，工程项目的运营维护和科学化管理与国外相比存在较大差距。因此，我国工程管理信息化任重而道远。

本节的重点是了解与通信工程项目有关的信息管理领域的基本的知识及其应用。

学习要点
- 项目信息管理。
- 通信工程项目信息管理。

素养目标
- 掌握通信信息管理的概念、特点及形态，提高信息管理意识。
- 掌握通信各相关主体在各阶段的信息产生与收集，提高岗位实践能力。

9.1　项目信息管理

项目信息是指与项目实施有关系的报告、数据、计划、安排、技术文件、会议等各种信息。而项目信息管理就是针对上述信息的管理。

9.1.1　项目信息管理的概念

1. 信息

信息指的是用口头的方式、书面的方式或电子的方式传输（传达、传递）的知识、新闻，或可靠的或不可靠的情报。声音、文字、数字和图像等都是信息表达的形式。建设工程项目的实施需要人力资源和物质资源，应认识到信息也是项目实施的重要资源之一。

2. 信息管理

信息管理指的是信息传输的合理组织和控制。

3. 项目信息管理

项目信息管理是指对项目信息的收集、整理、处理、储存、传递与应用等一系列工作的总称，也就是把项目信息作为管理对象进行管理。项目信息管理的目的就是根据项目信息的特点，有计划地组织信息沟通，以保持决策者能及时、准确地获得相应的信息。

项目的信息管理是通过对各个系统、各项工作和各种数据的管理，使项目的信息能方便和有效地获取、存储、存档、处理和交流。项目的信息管理的目的是通过有效的项目信息传输的组织和控制为项目建设提供增值服务。

9.1.2 建设工程项目信息管理

通信工程项目主要是通信建设工程项目，建设工程项目信息的概念及分类如下。

1. 建设工程项目信息的概念

建设工程项目的信息包括在项目决策过程、实施过程（设计准备、设计、施工和物资采购过程等）和运行过程中产生的信息，以及其他与项目建设有关的信息，具体包括项目的组织类信息、管理类信息、经济类信息、技术类信息和法规类信息。

2. 建设工程项目信息的分类

可以从不同的角度对建设工程项目的信息进行分类。

1）按项目管理工作的对象，即按项目的分解结构可分为子项目1、子项目2等。
2）按项目实施的工作过程，可分为设计准备、设计、招标投标和施工过程等信息。
3）按项目管理工作的任务，可分为投资控制、进度控制、质量控制等信息。
4）按信息的内容属性，可分为组织类信息、管理类信息、经济类信息、技术类信息和法规类信息，如图9-1所示。

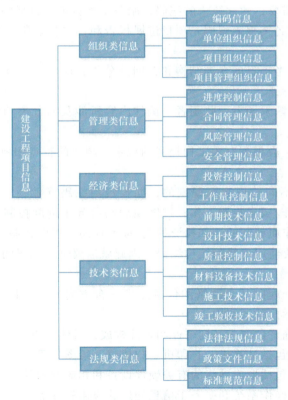

图9-1 建设工程项目信息按内容属性分类

为满足项目管理工作的要求，往往需要对建设工程项目信息进行综合分类，即按多维进行分类，如：第一维按项目的分解结构，第二维按项目实施的工作过程，第三维按项目管理工作的任务。

3. 建设工程项目信息编码的方法

编码由一系列符号（如文字）和数字组成，编码是信息处理的一项重要的基础工作。一个建设工程项目有不同类型和不同用途的信息，为了有组织地存储信息，方便信息的检索和信息的加工整理，必须对项目的信息进行编码。

1）项目的结构编码，依据项目结构图对项目结构的每一层的每一个组成部分进行编码。

2）项目管理组织结构编码，依据项目管理的组织结构图，对每一个工作部门进行编码。

3）项目的政府主管部门和各参与单位编码（组织编码），包括政府主管部门、业主方的上级单位或部门、金融机构、工程咨询单位、设计单位、施工单位、物资供应单位、物业管理单位等。

4）项目实施的工作项编码（项目实施的工作过程的编码），应覆盖项目实施的工作任务目录的全部内容，包括设计准备阶段的工作项、设计阶段的工作项、招标投标工作项、施工和设备安装工作项、项目动用前的准备工作项等。

5）项目的投资项编码（业主方）/成本项编码（施工方），它并不是概预算定额确定的分部分项工程的编码，它应综合考虑概算、预算、标底、合同价和工程款的支付等因素，建立统一的编码，以服务于项目投资目标的动态控制。

6）项目的进度项（进度计划的工作项）编码，应综合考虑不同层次、不同深度和不同用途的进度计划工作项的需要，建立统一的编码，服务于项目进度目标的动态控制。

7）项目进展报告和各类报表编码，项目进展报告和各类报表编码应包括项目管理形成的各种报告和报表的编码。

8）合同编码，应参考项目的合同结构和合同的分类，应反映合同的类型、相应的项目结构和合同签订的时间等特征。

9）函件编码，应反映发函者、收函者、函件内容所涉及的分类和时间等，以便函件的查询和整理。

10）工程档案编码，应根据有关工程档案的规定、项目的特点和项目实施单位的需求等而建立。

以上这些编码是因不同的用途而编制的，如投资项编码（业主方）/成本项编码（施工方）服务于投资控制工作/成本控制工作；进度项编码服务于进度控制工作。但是有些编码并不是针对某一项管理工作而编制的，如投资控制/成本控制、进度控制、质量控制、合同管理、编制项目进展报告等都要使用项目的结构编码，因此就需要进行编码的组合。

4. 建设工程项目信息处理的方法

建设工程项目信息处理向基于网络的信息处理平台方向发展，以充分发挥信息资源的价值，以及信息对项目目标控制的作用。

基于网络的信息处理平台由一系列硬件和软件构成，具体如下。

1）数据处理设备，包括计算机、打印机、扫描仪、绘图仪等。

2）数据通信网络，包括形成网络的有关硬件设备和相应的软件。

3）软件系统，包括操作系统和服务于信息处理的应用软件等。

建设工程项目的业主方和项目参与各方往往分散在不同的地点，或不同的城市，或不同的国家，因此其信息处理应考虑充分利用远程数据通信的方式，如：

1）通过电子邮件收集信息和发布信息。

2）通过基于互联网的项目专用网站（Project Specific Web Site，PSWS）实现业主方内部、业主方和项目参与各方,以及项目参与各方之间的信息交流、协同工作和文档管理;或通过基于互联网的项目信息门户(Project Information Portal,PIP)ASP 模式为众多项目服务的公用信息平台实现业主方内部、业主方和项目参与各方,以及项目参与各方之间的信息交流、协同工作和文档管理。

3)召开网络会议。

4)基于互联网的远程教育与培训等。

5. 建设工程管理信息化

信息化,最初是从生产力发展的角度出发,来描述社会形态演变的一个综合性概念。信息化和工业化一样,是人类社会生产力发展的新标志。信息化指的是信息资源的开发和利用,以及信息技术的开发和应用。

工程管理信息化指的是工程管理信息资源的开发和利用,以及信息技术在工程管理中的开发和应用。工程管理信息化属于领域信息化的范畴,它和企业信息化也有联系。

信息技术在工程管理中的开发和应用的意义有如下几点。

1)信息存储数字化和存储相对集中,有利于项目信息的检索和查询,有利于数据和文件版本的统一,并有利于项目的文档管理。

2)信息处理和变换的程序化,有利于提高数据处理的准确性,并可提高数据处理的效率。

3)信息传输的数字化和电子化,可提高数据传输的抗干扰能力,使数据传输不受距离限制,并可提高数据传输的保真度和保密性。

4)信息获取便捷、信息透明度提高以及信息流扁平化,有利于项目各参与方之间的信息交流和协同工作。

6. 工程项目管理信息系统

工程项目管理信息系统(Project Management Information System,PMIS)是基于计算机的项目管理的信息系统,主要用于项目的目标控制。管理信息系统(Management Information System,MIS)是基于计算机管理的信息系统,但主要用于企业的人、财、物、产、供、销的管理。项目管理信息系统与管理信息系统服务的对象和功能是不同的。

工程项目管理信息系统的应用,主要是用计算机进行项目管理有关数据的收集、记录、存储、过滤和把数据处理的结果提供给项目管理班子的成员。它是项目进展的跟踪和控制系统,也是信息流的跟踪系统。

工程项目管理信息系统具有:投资控制(业主方)、成本控制(施工方)、进度控制、合同管理等功能。

(1)投资控制的功能

1)项目的估算、概算、预算、标底、合同价、投资使用计划和实际投资的数据计算和分析。

2)进行项目的估算、概算、预算、标底、合同价、投资使用计划和实际投资的动态比较(如概算和预算的比较、概算和标底的比较、概算和合同价的比较、预算和合同价的比较等),并形成各种比较报表。

3)计划资金投入和实际资金投入的比较分析。

4)根据工程的进展进行投资预测等。

(2)成本控制的功能

1)投标估算的数据计算和分析。

2）计划施工成本。
3）计算实际成本。
4）计划施工成本与实际成本的比较分析。
5）根据工程的进展进行施工成本预测等。
（3）进度控制的功能
1）计算工程网络计划的时间参数，并确定关键工作和关键线路。
2）绘制计划横道图和网络图。
3）编制资源需求量计划。
4）进度计划执行情况的比较分析。
5）根据工程的进展对工程进度进行预测。
（4）合同管理的功能
1）合同基本数据查询。
2）合同执行情况的查询和统计分析。
3）标准合同文本查询和合同辅助起草等。

9.2 通信建设工程项目信息管理

通信建设工程的信息管理，是对工程过程（包括了勘察设计阶段、施工阶段、验收及保修阶段）中信息的收集、传递、加工分析、储存、维护与应用等一系列信息规划和组织工作的总称。

9.2.1 通信建设工程项目信息及信息流

通信建设工程信息主要包括三类：由下而上的信息、由上而下的信息和横向信息。

1. 由下而上的信息

通信工程项目进展情况、执行情况等，这些来自基层的一线基础信息是项目管理者进行决策的重要依据。通信工程项目管理者必须掌握：通信工程项目的约束条件和目标的实现情况等基本信息，具体包括工程项目的质量、成本、进度、任务量等；人力物力等各项资源计划的变化情况和干扰因素；参与通信工程项目的成员和工程项目涉及的相关单位、部门的基本情况。

通信建设工程项目信息及信息流

2. 由上而下的信息

一般情况下，由上而下的信息指的是上级管理者传达给下级执行者的相关信息，可以分成下级必须了解的信息、下级应该了解的信息与下级想要了解的信息。

3. 横向信息

横向信息是指同级的不同工作部门之间相互传递的信息。横向信息关系不属于正常的信息流，只有在紧急、特殊的情况下才允许发生。

建设单位在各阶段的信息产生与收集

9.2.2 建设单位在各阶段的信息产生与收集

建设单位在工程各阶段产生的信息具体如下。

1. 工程实施前期文件

1）可研报告及可研报告批复文件。
2）投资计划下达文件。
3）实施方案及实施方案批复文件。
4）勘察设计、施工、监理等单位资质文件。
5）施工图设计文件。
6）施工图预算文件。
7）施工招标文件。
8）其他与项目相关的文件资料。

2. 工程施工阶段文件

1）施工合同、监理合同。
2）开工报告。
3）工程签证。
4）增加工程内容预算及补充立项文件。
5）补充协议。
6）其他与项目实施过程相关的文件资料。

3. 工程竣工验收文件

1）竣工验收报告,包括项目实施管理过程工作总结。
2）施工单位提供的全套竣工资料。
3）监理单位提供的全套竣工资料。
4）竣工结算资料。
5）财务决算资料。
6）财务决算审计资料。
7）相关财务凭证。

9.2.3　勘察设计单位在各阶段的信息产生与收集

勘察设计单位在工程勘察设计阶段产生的信息具体如下。

1. 勘察阶段

1）勘察任务书。
2）勘察中标文件。
3）委托勘察合同。
4）勘察实施方案。
5）勘察报告。
6）勘察成果交底记录。

2. 设计阶段

1）设计任务书。
2）设计单位的设计资质文件。
3）相关设计通信工程设计规范。
4）相关勘察报告。
5）初步设计文件。

6）技术设计文件。

7）新技术新工艺资料。

8）施工图设计文件。

9.2.4 施工单位在各阶段的信息产生与收集

施工单位在各阶段产生的信息具体如下。

施工单位在各阶段的信息产生与收集

1. 施工准备阶段

1）中标通知书及施工许可证。

2）施工合同。

3）委托监理工程的监理合同。

4）施工图审查批准书及施工图审查报告。

5）勘察报告。

6）施工图会审记录。

7）经监理（或业主）批准的施工组织设计或施工方案。

8）开工报告。

9）技术交底记录。

2. 施工阶段

1）质量验收记录。

2）材料、产品、构配件等合格证资料，施工过程中进行实验的实验资料。

3）设计变更资料。

4）新材料、新技术、新工艺施工记录。

5）隐蔽工程验收记录。

6）施工日志。

7）工程质量事故报告单。

8）工程质量事故及事故原因调查、处理记录。

9）工程质量整改通知书。

10）工程局部暂停施工通知书、工程质量整改情况报告及复工申请、工程复工通知书。

3. 竣工阶段

1）施工单位工程竣工报告。

2）监理单位工程竣工质量评价报告。

3）勘察单位勘察文件及实施情况检查报告、设计单位设计文件及实施情况检查报告。

4）建设工程质量竣工验收意见书或单位（子单位）工程质量竣工验收记录。

5）竣工验收存在问题整改通知书、竣工验收存在问题整改验收意见书。

6）工程的具备竣工验收条件的通知及重新组织竣工验收通知书。

7）工程质量保修合同（书）。

8）建设工程竣工验收报告（由建设单位填写）。

9）竣工图。

9.2.5 监理单位在各阶段的信息产生与收集

监理单位通常在勘察设计阶段才介入到工程项目中来，其所需管理的信息主要包括勘察设计阶段信息、施工阶段信息和竣工阶段信息。

1. 勘察设计阶段

勘察设计阶段是工程建设的重要阶段，在勘察设计阶段将决定工程规模、工程的概算、技术先进性、适用性、标准化程度等一系列具体的要素。

监理单位在勘察设计阶段的信息收集要从以下几个方面进行：

1）可行性研究报告。
2）同类工程的相关信息。
3）工程所在地相关信息。
4）设计单位相关信息。
5）法律法规相关信息。
6）设计产品形成过程的有关信息。

2. 施工阶段

目前，我国的监理工作大部分在施工阶段进行，有比较成熟的经验和完善的制度，各地对施工阶段信息规范化也提出了不同的要求，建设工程竣工验收规范已经发布，建设工程档案制度也比较成熟。监理资料一般包括以下几部分：

1）施工合同文件及委托监理合同。
2）勘察设计文件、设计交底与图纸会审会议纪要。
3）监理规划、监理实施细则。
4）分包单位资格报审表。
5）施工组织设计（方案）报审表。
6）工程开工/复工报审表及工程暂停令。
7）工程进度计划。
8）工程材料、构配件、设备的质量证明文件。
9）测量核验资料、检查试验资料。
10）工程变更资料。
11）隐蔽工程验收资料。
12）工程计量单和工程款支付证书。
13）监理工程师通知单、监理工作联系单、监理日记、监理周（月）报。
14）报验申请表、会议纪要、来往函件。
15）质量缺陷与事故的处理文件。
16）分部工程、单位工程等验收资料、安全监督管理资料。
17）索赔文件资料。
18）竣工结算审核意见书。
19）工程项目施工阶段质量评估报告等专题报告。
20）监理工作总结。

3. 竣工阶段

建设项目竣工资料分为如下部分。

1）竣工文件，主要包括工程说明、建设安装工程量总表、随工检查记录、验收证书等。
2）竣工图。
3）竣工测试记录。

本章小结

本章知识点见表 9-1。

表 9-1 本章知识点

序号	知识点	内容
1	项目信息	项目信息是指与项目实施有联系的报告、数据、计划、安排、技术文件、会议等各种信息
2	通信建设工程的信息管理	通信建设工程的信息管理,是对工程过程(包括了勘察设计阶段、施工阶段、验收及保修阶段)中信息的收集、传递、加工分析、储存、维护与应用等一系列信息规划和组织工作的总称
3	通信建设工程信息分类	由下而上的信息、由上而下的信息和横向信息
4	工程项目管理信息系统的功能	投资控制(业主方)、成本控制(施工方)、进度控制、合同管理功能

习题

1. 项目信息管理的概念。
2. 通信建设工程项目的信息包括哪些内容?
3. 简述通信建设工程信息的分类。
4. 请列举建设单位在工程实施前期应收集的信息。
5. 请列举设计单位在设计阶段应收集的信息。
6. 请列举施工单位在施工阶段应收集的信息。
7. 请列举监理单位竣工验收阶段应收集的信息。

第 10 章 通信工程项目管理全流程案例

有建设就有项目，有项目就有项目管理，实践证明，实行项目管理的通信工程，在投资控制、质量控制、进度控制和安全控制等多方面可以收到良好的效果，能使综合效益得到极大的提高。

学习要点
- 通信工程项目全流程。
- 设备安装工程的相关流程。
- 设计及施工招标投标。

素养目标
- 了解通信项目全流程的相关知识，增强通信项目管理意识。
- 理解项目管理在通信工程建设中的重要性，培养规划与执行能力。

10.1 通信工程项目管理全流程

通信工程项目管理全流程，指项目生命周期从项目启动开始至项目保修完成后的全部流程，包括立项阶段、实施阶段、验收投产阶段。

10.1.1 工程项目管理的概念

工程项目管理是指应用项目管理的理论、观点、方法，为把各种资源应用于项目，实现项目的目标，对工程建设项目的投资决策、施工建设、交付使用及售后服务的全过程进行全部的管理。

工程项目资源包括一切具有现实和潜在价值的东西，如自然资源和人造资源、内部资源和外部资源、有形资源和无形资源，具体的如人力和人才、材料、机械、设备、资金、信息、科学技术及市场等。

10.1.2 工程项目管理的主要任务

工程项目管理要实现工程项目的全过程管理，以便能够在约束条件下实现项目的目标。不同类型的项目具体的管理任务也不同，目前通信类工程项目管理的任务主要包括造价控制、进度控制、质量控制、安全管理、合同管理、信息管理、组织协调，即"三控三管一协调"。

10.1.3 工程项目管理流程

工程项目管理的一般流程如图10-1所示,主要包括管理合同签署、项目部组建、项目实施及管理、竣工验收及资料归档等。

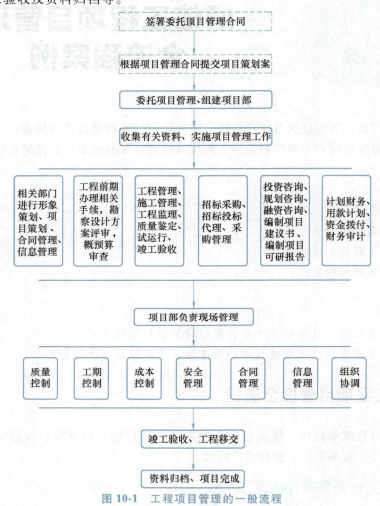

图 10-1 工程项目管理的一般流程

注:图中虚线框表示该部分流程不是必需。

1. 签署项目管理合同

合同签订是工程建设施工实施的重要保证,建设方通过招投标的方式选择合适的施工单位。施工单位依据施工管理合同进行施工相关准备、实施管理。

2. 根据项目管理合同提交项目策划案

施工承包单位应根据合同条款、批准的施工图设计文件和施工组织设计文件进行施工准备和施工实施,在确保通信施工质量、工期、成本、安全等目标的前提下,提交项目策划案,满足通信施工项目竣工验收规范和设计文件的要求。

3. 组建项目部、实施管理工作

施工承包单位根据工程实际情况,组建项目部,包括人员、物资、车辆、资金、项目办公场所等相关资源。

制定项目部的实施管理工作,根据合同、施工图文件、施工组织设计文件及相应的标准规范实施,确保通信施工质量、工期、成本、安全等目标的实现。

4. 项目部现场管理,保证"三控三管一协调"落地

施工单位在项目实施过程中,注重现场的管理工作,包括现场工作环境的管理、现场居住环境的管理、现场周围环境的管理、现场物资的管理及现场施工人员行为的管理等。

项目部对整个项目做好管控工作,包括质量控制、工期控制、成本控制、安全管理、合同管理、信息管理及组织协调,即"三控三管一协调"。

5. 竣工验收及工程移交

项目实施完成后,及时完成竣工资料的编制工作,完成竣工验收。

建设项目竣工资料分为竣工文件、竣工图、竣工测试记录三大部分。

(1)竣工文件

竣工文件部分应包括工程说明、开工报告、建筑安装工程量总表、已安装设备明细表、工程设计变更单及洽商记录、重大工程质量事故报告、停(复)工报告、隐蔽工程/随工验收签证、交(完)工报告、验收证书和交接书。

(2)竣工图

竣工图部分的内容必须真实、准确,与工程实际相符合;利用施工图改绘竣工图,必须标明变更依据;所有竣工图纸均应加盖竣工图章。

(3)竣工测试记录

竣工测试记录的内容应按照设计文件和行业规范规定的测试指标的要求进行测试、填写,测试项目、测试数量及测试时间都要满足设计文件的要求。

6. 资料归档及项目完成

建设项目验收完成后,及时完成资料的归档工作,按建设工程档案管理规定的有关要求,对工程竣工后所有工程文件移交建设单位,由其完成汇总、归档、备案的管理工作。

10.1.4 通信工程项目全流程

以运营商通信的大中型和限额以上的建设项目为例,从建设前期工作到建设、投产,期间要经过立项、实施和验收投产三个阶段,如图10-2所示。全流程在前面章节已讲解,本章详细流程省略。

通信工程项目全流程

10.1.5 全流程管理要点

1. 立项阶段

立项阶段是通信建设的第一阶段,包括撰写项目建议书、可行性研究和专家评估。

(1)项目建议书

撰写项目建议书是工程建设程序中最初阶段的工作,目的是投资决策前拟定该工程项目的轮廓设想。建议书在书写后可根据项目的规模、性质报送相关主管部门(如工业与信息管理委员会、通信管理局)审批,获批准后即可由建设单位(如运营商)进行可行性研究工作。

(2)可行性研究

项目可行性研究是对在拟项目在决策前进行方案比较,技术经济论证的一种科学分析方法和行为,是建设前期工作的重要组成部分,其研究结论直接影响到项目的建设和投资效益。可行性研究通过审批后方可进行下一步工作。

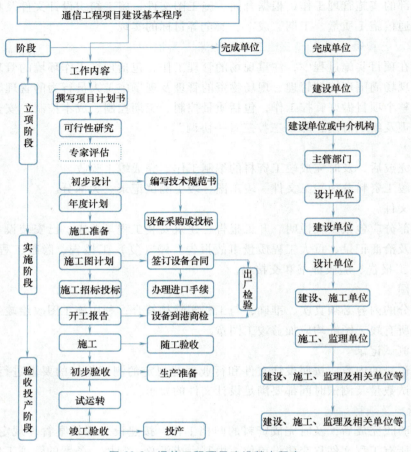

图 10-2 通信工程项目建设基本程序

（3）专家评估

专家评估是指项目主要负责部门组织兼具理论、实际经验的专家，对可行性研究报告的内容做技术、经济方面的评价，并提出具体的意见和建议。专家评估不是必需的，但专家评估报告是主管领导决策的依据之一。对于重点工程、技术引进等项目，进行专家评估是十分必要的。

2. 实施阶段

通信建设程序的实施阶段由初步设计、年度计划安排、施工准备、施工图设计、施工招投标、开工报告、施工等七个步骤组成。

通信建设工程项目设计阶段是如何划分的？根据通信建设特点及工程建设管理需要，一般通信建设项目设计按初步设计和施工图设计两个阶段进行；对于通信技术上复杂的、采用新通信设备和新技术的项目，可增加技术设计阶段，按初步设计、技术设计、施工图设计三个阶段进行；对于规模较小、技术成熟，或套用标准的通信项目，可直接做施工图设计，称为"一阶段设计"，例如设计施工比较成熟的市内光缆通信项目等。

（1）初步设计及技术设计

初步设计是根据批准的可行性研究报告，以及有关的设计标准、规范，并通过现场勘察工作取得设计基础资料后，编制的设计文件。初步设计的主要任务是确定项目的建设方案，进行设备选型，编制工程项目的概算。其中，初步设计中的主要设计方案及重大技术措施等，应通过技术经济分析，进行多方案比较论证，方案选定后编写设计文件。

技术设计是根据已经得到批准的初步设计而编制的更精确、更完备、更具体的文件和图纸。初步设计是按照设计任务书的内容，对设计的工程项目提出基本的技术决策，确定基本的技术经济指标，并拟出工程概算的文件和图纸。技术设计要确定初步设计中所采取的工艺过程、建筑物和构筑物、校正设备的选择及其数量的误差，确定建设规模和技术经济指标，并做出修正概算的文件和图纸。

（2）年度计划安排

根据批准的初步设计和投资概算，在对资金、物资、设计、施工能力等进行综合平衡后，业主应做出年度计划安排。年度计划中包括通信基本建设拨款计划、设备和主要材料（采购）储备贷款计划、工期组织配合计划等内容。年度计划中应包括单个工程项目的年度的投资进度计划。

经批准的年度建设项目计划是进行基本建设拨款或贷款的主要依据，是编制保证工程项目总进度要求的重要文件。

（3）建设单位施工准备

施工准备是通信基本建设程序中的重要环节，主要内容包括征地、拆迁、三通一平、地质勘察等，此阶段以建设单位为主进行。

为保证建设工程的顺利实施，建设单位应根据建设项目或单项工程的技术特点，适时组建建设工程的管理机构，做好以下具体工作：

1）制定本单位的各项管理制度，落实项目管理人员。
2）根据批准的初步设计文件汇总拟采购的设备和专用主要材料的技术资料。
3）落实项目施工所需的各项报批手续。
4）落实施工现场环境的准备工作（完成机房建设，包括水、电、暖等）。
5）落实特殊工程验收指标审定工作。

特殊工程的验收指标包括：新技术、新设备应用在工程项目中（没有技术标准的），由于工程项目的地理环境、设备状况不同，要进行讨论和审定的指标；由于工程项目的特殊要求，需要重新审定验收标准的指标；由于建设单位或设计单位对工程提出特殊技术要求，或高于规范标准要求，需要重新审定验收标准的指标。

（4）施工图设计

建设单位委托设计单位根据批准的初步设计文件和主要通信设备订货合同进行施工图设计。设计人员在对现场进行详细勘察的基础上，对初步设计做必要的修正；绘制施工详图，标明通信线路和通信设备的结构尺寸、安装设备的配置关系和布线；明确施工工艺要求；编制施工图预算；以必要的文字说明表达意图，指导施工。

施工图设计文件是承担工程实施的部门（即具有施工执照的线路、机械设备施工队）完成项目建设的主要依据。同时，施工图设计文件是控制建筑安装工程造价的重要文件，是办理价款结算和考核工程成本的依据。

（5）施工招标投标

施工招标投标是建设单位将建筑工程发包，鼓励施工企业投标竞争，从中评定出技术、管理水平高，信誉可靠且报价合理，具有相应通信施工等级资质的通信施工企业中标的行为。推行施工招标投标对于择优选择施工企业，确保工程质量和工期具有重要意义。

(6) 开工报告

经施工招标，签订承包合同，并落实了年度资金拨款、设备和主材供货及工程管理组织后，建设单位会同施工单位于开工前一个月向主管部门提出建设项目开工报告。在项目开工报批前，应由审计部门对项目的有关费用计取标准及资金渠道进行审计，之后方可正式开工。

(7) 施工

承包单位应根据合同条款、批准的施工图设计文件和施工组织设计文件进行施工准备和施工实施，在确保通信施工质量、工期、成本、安全等目标的前提下，满足通信施工项目竣工验收规范和设计文件的要求。

(8) 施工单位现场准备工作

施工的现场准备工作，主要是为了给施工项目创造有利的施工条件和物资保证。因项目类型不同准备工作内容也不尽相同，此处按光（电）缆线路工程、光（电）缆管道工程、设备安装工程、其他准备工作分类叙述。

1) 光（电）缆线路工程。

现场考察：熟悉现场情况，考察实施项目所在位置及影响项目实施的环境因素；确定临时设施建立地点，电力、水源给取地，材料、设备临时存储地；了解地理和人文情况对施工的影响因素。

地质条件考察及路由复测：考察线路的地质情况与设计是否相符，确定施工的关键部位；制定关键点的施工措施及质量保证措施；对施工路由进行复测，如与原设计不符，应及时提出设计变更请求，复测结果要做详细的记录备案。

建立临时设施：包括项目经理部办公场地，财务办公场地，材料、设备存放地，宿舍，食堂设施的建立；安全设施，防火、防水设施的设置；保安防护设施的设立。建立临时设施的原则是：距离施工现场较近，运输材料、设备和机具便利，通信、信息传递方便，人身及物资安全。

建立分屯点：在施工前应对主要材料和设备进行分屯。建立分屯点的目的是便于施工、便于运输，还应建立必要的安全防护设施。

材料与设备进场检测：按照质量标准和设计要求（没有质量标准的按出厂检验标准），对所有进场的材料和设备进行检验。材料与设备进场检验应有建设单位和监理在场，并由建设单位和监理确认，将检测记录备案。

安装、调试施工机具：做好施工机具和施工设备的安装、调试工作，避免施工时设备和机具发生故障而造成窝工，影响施工进度。

2) 光（电）缆管道工程。

管道线路实地考察：熟悉现场情况，考察临时设施建立地点，电力、水源给取地，做好建筑构（配）件、制品和材料的储存和堆放计划，了解地理和其他管线情况对施工的影响。

考察其他管线情况及路由复测：路由的地质情况与设计是否相符，确定路由上其他管线的情况，制定交叉、重合部分的施工方案，明确施工的关键部位，制订关键点的施工措施及质量保证措施。对施工路由进行复测，如与原设计不符应提出设计变更请求，复测结果要做详细的记录备案。

建立临时设施：应包括项目经理部办公场地，建筑构（配）件、制品和材料的储存和堆放场地，宿舍，食堂设施，安全设施，防火/防水设施，保安防护设施，施工现场围挡与警示标志的设置，施工现场环境保护设施。

建立临时设施的原则：距离施工现场较近，运输材料、设备、机具便利，通信、信息传递方便，人身及物资安全。

材料与设备进场检测：按照质量标准和设计要求（没有质量标准的按出场检验标准），对所有进场的材料和设备进行检验。材料与设备进场检验应有建设单位和监理在场，并由建设单位和监理确认，将测试记录备案。

光（电）缆和塑料子管配盘：根据复测结果、设计资料和材料订货情况，进行光、电缆配盘及接头点的规划；安装、调试施工机具：做好施工机具和施工设备的安装、调试工作，避免施工时设备和机具发生故障而造成窝工，影响施工进度。

3）设备安装工程。

施工机房的现场考察：了解现场、机房内的特殊要求，考察电力配电系统、机房走线系统、机房接地系统、施工用电和空调设施。

办理施工准入证件：了解现场、机房的管理制度，服从管理人员的安排；提前办理必要的准入手续。

设计图纸现场复核：依据设计图纸进行现场复核，复核的内容包括需要安装的设备位置、数量是否准确有效；线缆走向、距离是否准确可行；电源电压、熔断器容量是否满足设计要求；保护接地的位置是否有冗余；防静电地板的高度是否和抗震机座的高度相符。

安排设备、仪表的存放地：落实施工现场的设备、材料存放地，并确认是否需要防护（防潮、防水、防曝晒），配备必要的消防设备，仪器仪表的存放地要求安全可靠。

在用设备的安全防护措施：了解机房内在用设备的情况，严禁乱动内部与工程无关的设施、设备，制定相应的安全防范措施。

机房环境卫生的保障措施：了解现场的卫生环境，制定保洁及防尘措施，配备必要的设施。

4）其他准备工作。

做好冬雨期施工准备工作：包括施工人员的防护措施、施工设备运输及搬运的防护措施、施工机具和仪表安全使用措施。

特殊地区施工准备：高原、高寒地区，沼泽地区等的特殊准备工作。

（9）施工单位技术准备工作

施工前应认真审阅施工图设计，了解设计意图，作好设计交底、技术示范，统一操作要求，使参加施工的每个人都明确施工任务及技术标准，严格按施工图设计施工。

（10）施工实施

在施工工程中，对于隐藏工程，每一道工序完成后都应由建设单位委派的监理工程师或随工代表进行随工验收，验收合格后才能进行下一道工序。完工并自验合格后方可提交"交（完）工报告"。

3. 验收投产阶段

为了充分保证通信系统工程的施质量，工程结束后，必须经过验收才能投产使用。这个阶段的主要内容包括初步验收、试运行以及竣工验收等几个方面。

（1）初步验收

初步验收一般由施工企业在完成承包合同规定的工程量后，依据合同条款向建设单位申请项目完工验收。

初步验收由建设单位（或委托监理公司）组织，相关设计、施工、维护、档案及质量管理等部门参加。除小型建设项目外，其他所有新建、扩建、改建等基本建设项目以及属于基本建设性质的技术改造项目，都应在完成施工调测之后进行初步验收。

初步验收的时间应在原定计划工期内进行，初步验收工作包括检查工程质量、审查交工资料、分析投资效益、对发现的问题提出处理意见，并组织相关责任单位落实解决。

（2）试运行

试运行是指工程初验后到正式验收、移交之间的设备运行。由建设单位负责组织，供货厂商、设计、施工和维护部门参加，对设备、系统功能等各项技术指标以及设计和施工质量进行全面考核。

经过试运行，如果发现有质量问题，由相关责任单位负责免费返修。重点工程项目，试运行期限可适当延长。运行期内，应按维护规程要求检查证明系统已达到设计文件规定的生产能力和传输指标。运行期满后应写出系统使用的情况报告。

（3）竣工验收

竣工验收是通信的最后一项任务，当系统试运行完毕并具备了验收交付使用的条件后，由相关部门组织对工程进行系统验收。

竣工项目验收后，建设单位应向主管部门提出竣工验收报告，编制项目工程总决算，并系统整理出相关技术资料（包括竣工图纸、测试资料、重大障碍和事故处理记录），以及清理所有财产和物资等，报上级主管部门审查。竣工项目经验收交接后，应迅速办理固定资产交付使用的转账手续（竣工验收后的3个月内应办理完毕固定资产交付使用的转账手续），技术档案移交维护单位统一保管。

10.2 通信设备安装工程

设备安装工程的施工顺序包括机房测量、器材检验、走线槽（架）安装、抗震基座的制作安装、机架及设备的安装、电源线的布放、信号线缆的布放、加电、本机测试、系统测试、竣工资料的编制、工程验收等工序。有些设备安装工程还包括电缆截面设计、上梁及立柱安装、抗震底座安装等工序。设备安装工程施工顺序如图 10-3 所示。

通信设备安装工程

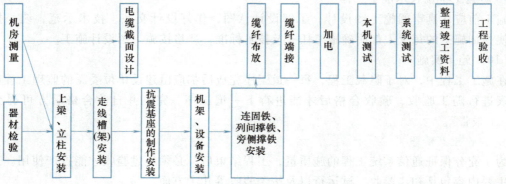

图 10-3 设备安装工程施工顺序

以下以××年××月，××市通信运营公司新建 764 个 5G 移动通信基站为例，详述通信工程项目管理全流程。

10.2.1 工程设计

立项阶段内容在本案例中由于篇幅原因省略。

工程设计

本工程建设方对764个5G移动通信基站进行完成项目立项批复后,组织设计院勘察设计人员对逐个站点进行现场勘察,使用CAD工具对单站进行设计出图并完成设计会审,完成单站预算。764个站点汇总后完成项目总预算,最终完成设计批复下达。工程设计详细流程如图10-4所示。

图10-4 工程设计详细流程

1. 绘制工程样图

本工程采用CAD软件,依据通信工程制图规范,完成单个机房天面(××区如家酒店-5HHQ)的设备布局图,如图10-5和图10-6所示。

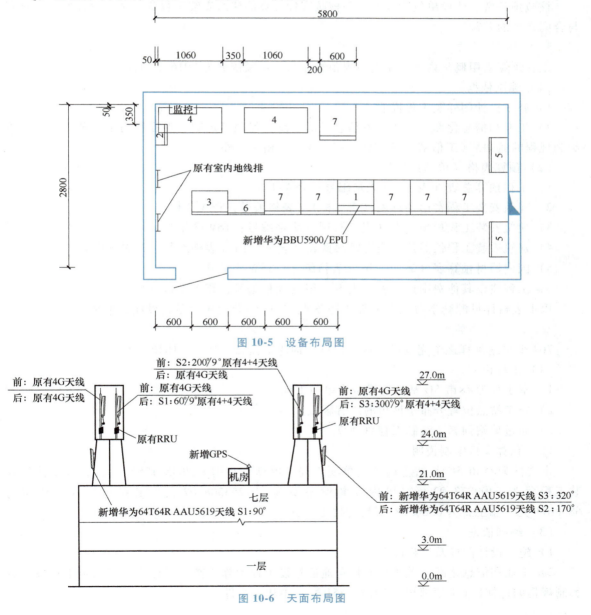

图10-5 设备布局图

图10-6 天面布局图

2. 编制说明

（1）核定费用

安装工程费主要包含：施工费及施工材料。

设备费用主要包含：需要安装的设备费。

其他费用主要包含：勘察设计费、建设工程监理费、安全生产费等。

勘察设计费、监理费实行"价税分离"，除税价金额＝含税价金额/1.06，增值税＝含税价金额－除税价金额，计费基数均按照设备除税价进行计算。

建筑安装工程费、安全生产费实行"价税分离"，除税价金额＝含税价金额/1.09，增值税＝含税价金额－除税价金额。

（2）核定明细

核减预备费、建设单位管理费，并核减国标计算的建筑安装工程费、勘察设计费、监理费与合同费率的差额。

3. 编制单站预算

工程预算采用概预算软件完成工程预算编制，定额依据为2016定额标准。

（1）编制依据

1）施工设计图样及工程说明。

2）工业和信息化部《关于印发信息通信建设工程预算定额、工程费用定额及工程概预算编制规程的通知》（工信部规〔2016〕451号）中相关文件。

（2）预算表格（单站预算）

1）工程预算总表（表一）（表格编号：TSW-1）。

2）建筑安装工程费用预算表（表二标）（表格编号：TSW-2标）。

3）建筑安装工程量预算表（表三）甲（表格编号：TSW-3甲）。

4）建筑安装工程仪器仪表使用费预算表（表三）丙（表格编号：TSW-3丙）。

5）国内器材预算表（表四）甲（表格编号：TSW-4甲B）。

6）工程建设其他费用预算表（表五）甲（表格编号：TSW-5折后）。

以上表格详见配套学习工作手册"任务4：识读××公司主设备建设项目单站预算表"。

4. 编制工程总预算

764个单站预算逐个完成后，进行汇总，构建工程总预算，具体预算如下：

（1）工程说明

1）本工程为××市5G基站主设备设单项工程。

2）施工站点位置分布于该市的所有区域。

3）通过单站预算，编制工程总预算。

（2）预算文件编制说明

本文件为××市5G基站主设备设单项工程，预算总费用为204591852.04元，其中建筑安装工程费为6499873.02元，国内安装设备费为191253308.02元，工程建设其他费用为6838671元。总工日为65863.81，均为技工工日。

（3）编制依据

1）施工设计图样及工程说明。

2）工业和信息化部《关于印发信息通信建设工程预算定额、工程费用定额及工程概预算编制规程的通知》（工信部规〔2016〕451号）中相关文件。

(4) 预算表格（项目预算）

1) 工程预算总表（表一）（表格编号：TSW-1）。

工程预算总表包含工程费用的所有预算，含工程费（建筑安装工程费、国内安装设备费、不需安装的设备工器具费）、工程建设其他费及预备费。

2) 建筑安装工程费用预算表（表二标）（表格编号：TSW-2标）。

建筑安装工程费用预算表包括直接费、间接费、利润及销项税额。

直接费又包括直接工程费（含人工费、材料费、机械使用费及仪表使用费）、措施费（含文明施工费、工地器材搬运费、工程干扰费、临时设施费、夜间施工增加费、冬雨季施工增加费、已完工程及设备保护费等）。

间接费包括规费（含工程排污费、社会保障费、住房公积金、危险作业意外伤害保险费）、企业管理费。

3) 建筑安装工程量预算表（表三）甲（表格编号：TSW-3甲）。

5G基站设备的工程量主要包含机房内的设备安装和机房外的天面设备安装。

机房内的设备安装主要有安装基站主设备（如BBU）、安装室内有源综合架（如主设备综合柜、电源柜、传输柜等）、室内布放电力电缆、布放射频同轴电缆及联网调测（系统调测、5G设备调测）等。

机房外的天面设备安装主要有安装定向天线（如AAU）、天线美化处理配合用工、安装室外天线射频拉远单元、室外布放射频单元（RRU）用光缆等。

4) 建筑安装工程仪器仪表使用费预算表（表三）丙（表格编号：TSW-3丙）。

设备安装过程中使用的仪器仪表所产生的使用费用。

5) 器材预算表（表四）甲（需要安装的设备表）（表格编号：TSW-4甲B）。

器材（5G主设备）主要包括基站无线设备、综合柜、天线设备（替换使用）等。

6) 工程建设其他费用预算表（表五）甲（表格编号：TSW-5折后）。

工程建设其他费用预算表中主要包括勘察设计费（含勘察费及设计费）、安全生产费（通信设备按建筑安装工程费×2%计列）、审计费等。

以上表格详见配套学习工作手册"任务5：识读××公司主设备建设项目汇总预算表"。

10.2.2 施工招标投标

设备安装工程设计完成，批复下达后，通过分标段公开施工招标投标。其中××区域合同工期为6月1日至12月31日，5G设备安装工程共600个基站，合同总计为650万元。合同约定，乙方采用租赁机械施工，机械租赁费为800元/台班，若增加工作量，按比例增加工期，费用单价不变。采用包工不包料的承包方式。由××通信工程公司中标施工。

施工单位编制施工报告，提交了开工报告，并对施工场地及已到货情况进行检查，正式开始施工。

10.2.3 项目施工进度控制

1. 背景

项目部组建完成后，项目负责人决定分四个作业组同时施工，第一组工作量为150个站，第二组工作量为180个站，第三组工作量为150个站，第四组工作量为120个站。由于该施工单位工程较多，仅能为此工程提供一套测试设备。项目部针对此工程编制的工作量、用工量及日进度见表10-1。

表10-1 工作量、用工量及日进度

工作名称	单位	数量	技工总工日	普工总工日	每组的日进度
本机测试	站	600	60	30	20
缆纤布放	条	1800	450	300	30
机架、设备安装	套	600	300	300	2
系统测试	站	600	150	0	8
缆纤端接	个	180	30	25	30
机房测量	站	600	100	100	10
加电	站	600	60	30	20

2. 问题

1）此工程的施工顺序应怎样安排？

2）如果编制的进度计划图的计算工期为180天，是否合适？

3）施工准备阶段应先确定施工资源数量，还是先编制进度计划图？

3. 分析与答案

1）此工程的施工顺序为：机房测量→机架、设备安装→缆纤布放→缆纤端接→加电→本机测试→系统测试。

2）此项目7月1日开工，12月31日完工，合同工期为184天。如果此项目的进度计划图的计算工期为23周，共161天（详见表10-2和图10-7），未超出合同工期的要求。所以此进度计划图合适，可以按期完工。

3）工程项目中使用的施工资源的数量应满足进度计划图的需求。因此，在施工准备阶段应先编制进度计划图，再依据进度计划图配置施工资源。但对于某些资源紧张的情况，比如本案例企业只能提供一套测试设备，可作为一种限制条件，在编制进度计划时予以考虑，这并不是一种具体的资源配置计划。

四个作业组需完成机房测量、设备安装、缆纤布放、缆纤端接等工作。只有一套测试设备，后续工作只能四个作业组全部完成后才能实施。通过分析，四组各项工作所需的人数及工作持续时间统计见表10-2。

表10-2 参加施工的人员数量及工作持续时间统计

工作名称	工作内容	持续时间（周）	工作名称	工作内容	持续时间（周）	工作名称	工作内容	持续时间（周）
A	第一组机房测量	2	H	第二组缆纤端接	1	O	第四组缆纤布放	2
B	第一组设备安装	10	I	第三组机房测量	2	P	第四组缆纤端接	1
C	第一组缆纤布放	2	J	第三组设备安装	11	Q	加电	1
D	第一组缆纤端接	1	K	第三组缆纤布放	2	R	本机测试	3
E	第二组机房测量	2	L	第三组缆纤端接	1	S	系统测试	1
F	第二组设备安装	12	M	第四组机房测量	3			
G	第二组缆纤布放	3	N	第四组设备安装	10			

此时的横道图如图 10-7 所示。

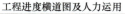

图 10-7 横道图

此时的双代号网络计划图如图 10-8 所示。

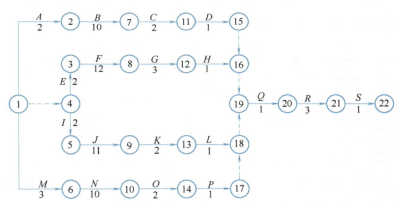

图 10-8 本工程双代号网络计划图

确定关键工作及关键线路：总时差为零的工作有 E、F、G、H、Q、R、S，此即关键工作，关键线路为 E—F—G—H—Q—R—S。

10.2.4 项目施工成本控制

项目施工
成本控制

1. 背景

假设 5G 设备安装工程的主要工作量及各项工作的成本单价见表 10-3；项目部制定的本工程的进度计划见表 10-4；第十四周末各项工作完成情况及实际成本开支见表 10-5。

表 10-3 工作量及各项工作的成本单价

工作名称	总工作量	工作单价
机房测量	600 站	200 元/站
机架、设备安装	600 套	1800 元/套
缆纤布放	1800 条	200 元/条
缆纤端接	180 个	150 元/个

工作名称	总工作量	工作单价
加电	600 站	100 元/站
本机测试	600 站	500 元/站
系统测试	30 站	800 元/站

表 10-4 项目进度计划

工作名称	第一周	第二周	第三至十二周	第十三周	第十四周	第十五周	第十六周	第十七周	……
机房测量	—	—							
机架、设备安装			—	—					
缆纤布放				—	—				
缆纤端接									
加电									
本机测试									
系统测试									

表 10-5 第十四周末各项工作完成情况及实际成本开支

工作名称	完成工作量	实际成本（万元）
机房测量	600 站	11
机架、设备安装	550 套	103
缆纤布放	1000 条	21
缆纤端接	0	
加电	0	
本机测试	0	
系统测试	0	

2. 问题

1）假设项目部计划每周完成的各项工作的工作量相同，计算前十四周的计划成本。

2）分别计算第十四周末机架、设备安装及整个项目的 BCWS、BCWP、ACWP。

3）分别计算第十四周末机架、设备安装及整个项目的 SPI、CPI、CV、SV，并分析进度及成本情况，说明应对措施。

成本指标注解如下：

计划工作预算费用（BCWS）= 计划工作量×预算单价

已完工作预算费用（BCWP）= 已完工作量×预算单价

已完工作实际费用（ACWP）= 已完工作量×实际单价

费用绩效指标（CPI）= 已完工作预算费用与已完工作实际费用的比值（BCWP/ACWP）

进度绩效指标（SPI）= 已完工作预算费用与计划工作预算费用的比值（BCWP/BCWS）

费用偏差（CV）= 已完工作预算费用与已完工作实际费用之间的差值（BCWP-ACWP）

进度偏差（SV）= 已完工作预算费用与计划工作预算费用之间的差值（BCWP-BCWS）

3. 分析与答案

1) 第一周：$q_1 = 600 \times 200/2$ 元 = 60000 元

第二周：$q_2 = 600 \times 200/2$ 元 = 60000 元

第三至第十二周：$q_3 = q_4 = q_5 = q_6 = q_7 = q_8 = q_9 = q_{10} = q_{11} = q_{12} = 600 \times 1800/12$ 元
= 90000 元

第十三周：$q_{13} = q_3 + 1800 \times 200/5 = 90000$ 元 + 72000 元 = 162000 元

第十四周：$q_{14} = q_{13} = 162000$ 元

2) 第十四周末机架、设备安装：

BCWS = 90000×12 元 = 108 万元

BCWP = 550×1800 元 = 99 万元

ACWP = 103 万元

第十四周末整个项目：

BCWS =（60000+60000+90000×10+162000+162000）元 = 134.4 万元

BCWP =（600×200+550×1800+1000×200）元 = 131 万元

ACWP =（11+103+21）万元 = 135 万元

3) 第十四周末机架、设备安装：

SPI = BCWP/BCWS = 99/108 ≈ 0.917

CPI = BCWP/ACWP = 99/103 ≈ 0.961

SV = BCWP−BCWS =（99−108）万元 = −9 万元

CV = BCWP−ACWP =（99−103）万元 = −4 万元

BCWS>ACWP>BCWP，SV<0，CV<0；说明效率较低，进度慢，投入超前，后期需增加高效人员投入。

第十四周末整个项目：

SPI = BCWP/BCWS = 131/134.4 ≈ 0.975

CPI = BCWP/ACWP = 131/135 ≈ 0.970

SV = BCWP−BCWS =（131−134.4）万元 = −3.4 万元

CV = BCWP−ACWP =（131−135）万元 = −4 万元

ACWP>BCWS>BCWP，SV<0，CV<0；说明效率低，进度慢，投入超前，后期用工作效率高的人员更换一批工作效率低的人员。

10.2.5 项目施工质量控制

1. 背景

在后续基站开通过程中，施工单位发现端头测试不合格的原因有：线序有误 50 处，端头制作不良 30 处，插头插接不牢固 10 处，连接器件质量不良 3 处，线缆性能不良 3 处，设备接口性能不良 2 处，其他原因 2 处。

2. 问题

用排列图法进行分析，确定影响施工质量的主要因素。

3. 分析

1) 制作端头测试不合格质量问题调查表，如表 10-6 所示。

表 10-6 端头测试不合格质量问题调查表

序号	不合格原因	频数	频率(%)	累计频率(%)
1	线序有误	50	50.00	50.00
2	端头制作不良	30	30.00	80.00
3	插头插接不牢固	10	10.00	90.00
4	连接器件质量不良	3	3.00	93.00
5	线缆性能不良	3	3.00	96.00
6	设备接口性能不良	2	2.00	98.00
7	其他	2	2.00	100.00
	合计	100	100	—

2）根据表 10-6 数据，画出排列图，如图 10-9 所示。

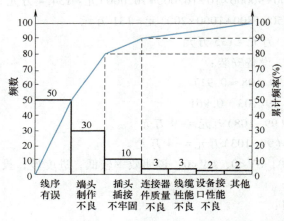

图 10-9 端头测试不合格项排列图

分析图 10-9 可得，累计百分比在 80% 以下的不合格项包括线序有误和端头制作不良两个，也就是说这两个因素对线缆的质量影响最大，是 A 类主要因素，如果线缆质量有问题，应先从这两方面入手解决。其他因素的分析类似。

10.2.6 项目施工结算和验收

1. 背景

合同按国家相关文件规定对工程价款的结算方式和支付时间、保修金、工程变更等事项进行了约定。施工单位按合同约定的工期和施工内容保质保量地完成了本工程，同时将竣工资料和工程结算文件送达建设单位。该工程于第二年 1 月 15 日经过初验后开始试运行，至 4 月 15 日结束。4 月 25 日该工程进行了终验，并正式投入运行。

施工单位在绘制基站工程竣工图时，在第一张图纸上直接加盖了竣工图章，其他图纸的图衔只绘制了图号；竣工图上只绘制了天面和基站安装的配套装置（电源柜、线缆走线、接地线等），装订成册后移交建设单位，建设单位审查后拒绝接受。

2. 问题

1）工程预付款应在什么时间支付？应支付多少？

2）建设单位应在多少天内完成工程结算的审查工作？应何时支付工程结算款？建设单位应保留多少比例的保修金。

3）建设单位拒绝接受竣工图是否合理？为什么？

4）施工单位应如何完善竣工图？

3. 分析与答案

1）工程预付款应在不迟于约定的开工日期前的 7 天内支付；应支付的预付款金额为 130 万元。

2）因工程结算额在 500 万～2000 万元之间，建设单位应在 1 月 31 日完成结算资料的审查工作，并在初验后 3 个月内（4 月 15 日前）结算工程价款。建设单位应保留 3% 的保修金。

3）建设单位拒绝接受竣工图是合理的。因为按照竣工资料的编制要求，所有竣工图均应加盖竣工图章，而施工单位提交的竣工图显然不符合规定。

4）施工单位应按照竣工图纸编制要求完善竣工图，首先在竣工图上补充基站周边 50m 以内的地形、地貌及其他设施，以便于日后的日常维护工作；在每张竣工图衔上方空白处均应加盖竣工图章，并由相关人员签字。竣工图章应包括施工单位、编制人、审核人、技术负责人、编制日期、监理单位、总监理工程师、监理工程师等内容。

10.3 实训项目

实训项目：学校实训室 5G 主设备安装工程

（1）目的要求

1）理解通信工程项目管理的全流程。

2）掌握学校实训室通信机房的电源设备、传输设备、交换设备及无线主设备，并完成 5G 主设备项目的立项、设计及安装工程。

3）考察通信机房内设备布局、认识通信线路及对应配套设施。

（2）实施过程

1）考察学校的 5G 主设备需求，通过学校面积、网络容量评估需要新增的 5G 主设备需求，认识 5G 主设备的尺寸、性能及相关参数，完成 5G 主设备安装工程的立项。

2）立项完成后，对实训室通信机房的 5G 主设备位置进行设计，绘制 CAD 机房图，并完成 5G 主设备新增项目的概预算设计。

3）组织学生对 5G 主设备安装工程的相关材料（概预算表）进行采购，采用公开招标投标的方式；模拟采购后签订供货合同。

4）设备到货后，进行设备验货并运输至实训室进行设备安装，按照标准安装工艺完成设备安装（完成项目合同的进度、质量、成本等管理）并测试，做好安装记录并提交安装完成后所需材料。

5）施工方提交验收的相关材料，建设方完成验收后按合同规定进行付款及考核。

（3）总结报告

撰写实训报告。

本章小结

本章知识点见表 10-7。

表 10-7 本章知识点

序号	知识点	内容
1	项目管理全流程	通常工程项目全流程,指项目生命周期从项目启动至项目保修完成后的全部流程,包括立项阶段、实施阶段、验收投产阶段
2	设备安装工程的施工顺序	设备安装工程的施工顺序,包括机房测量、器材检验、走线槽（架）安装、抗震基座的制作安装、机架及设备的安装、电源线的布放、信号线缆的布放、加电、本机测试、系统测试、竣工资料的编制、工程验收等工序
3	设备安装工程设计	包括项目立项批复、项目现场勘察、单站设计出图及会审、单站预算、项目总预算及设计批复下达
4	施工项目实施	项目施工进度控制、施工成本控制、施工质量控制、施工结算和验收等在设备安装工程中的实际应用

习题

1. 简要说明通信工程项目全流程。
2. 目前通信类工程项目管理的任务主要包括哪些方面？
3. 通信建设程序的实施阶段包括哪些步骤？
4. 列举建筑安装工程费用预算表中措施费包含的费用明细（至少列举 7 项）。
5. 某传输设备安装工程，在费用预算中直接工程费为 3024 元，措施费为 533 元，间接费为 3683 元，利润为 20%，无销项税额，该工程项目的安全生产费是多少？
6. 分别计算本章节中表 10-4 项目进度计划表第十六周末机架、设备安装及整个项目的 BCWS、BCWP、ACWP。

参 考 文 献

[1] 全国一级建造师执业资格考试用书编写委员会．建设工程项目管理［M］．北京：中国建筑工业出版社，2022．

[2] 全国一级建造师执业资格考试用书编写委员会．通信与广电工程管理与实务［M］．北京：中国建筑工业出版社，2023．

[3] 中华人民共和国工业和信息化部．信息通信建设工程概预算编制规程［A］．北京：工业和信息化部通信工程定额质监中心，2016．

[4] 工业和信息化部通信工程定额质监中心．信息通信建设工程概预算管理与实务［M］．北京：人民邮电出版社，2017．

[5] 工业和信息化部通信工程定额质监中心．通信工程招投标百问百答［M］．北京：人民邮电出版社，2018．

[6] 吴晓岚，张世名．通信工程项目管理［M］．北京：机械工业出版社，2013．

[7] 孙青华．通信工程项目管理及监理［M］．北京：人民邮电出版社，2013．

[8] 中华人民共和国工业和信息化部．通信工程制图与图形符号规定：YD/T 5015—2015［S］．北京：北京邮电大学出版社，2016．